KB275011

공학소녀시대

공학으로 진로를 디자인하는 소녀들을 위한
여성 공학인 선배들의 멘토링

북센

공학과 함께 미래를 꿈꾸는 소녀들에게

소녀와 공학은 언제부터 친했을까요? 불과 12년 전인 2008년, 한 통신사에서 공대의 유일한 여학생을 부르는 '공대 아름이'라는 명칭을 광고에 내세웠습니다. '공대 아름이'라는 명칭을 유행시켰던 사실을 생각해 보면 이때만 해도 둘은 그리 가까운 사이는 아니었던 듯합니다.

그런데 요즘의 분위기는 사뭇 다릅니다. 한 입시기관의 조사에 따르면, 우리나라 공대 여학생은 30여 년 전과 비교하여 약 20배나 늘었고, 10만 명을 넘었다고 하죠. 그 때문인지 공학 분야에서 여성들의 활약이 눈에 띕니다. 최근 5년간 삼성, 네이버, LG생활건강 같은 큰 기업들 모두 여성 임원들을 파격적으로 임명하며 주목받고 있습니다. 국내뿐만이 아닙니다. 세계적인 IT기업인 에이엠디AMD의 여성 CEO '리사 수'는 2019년, 미국에서 연봉이 가장 높은 사람으로 뽑히기도 했습니다.

헬스케어 분야는 어떨까요? 전 세계에서 가장 큰 백신 제조사인 글락소스미스클라인GSK의 여성 CEO '엠마 웜슬리'. 그녀는 2019년 경제지인 '포춘'에서 '세계에서 가장 영향력 있는 여성' 2위로 선정할 정도로 전 세계에 막대한 영향력을 끼치고 있습니다.

서먹했던 소녀와 공학 사이, 이제는 많이 가까워졌습니다. '공학소녀시대'가 온 겁니다. 그런데 공학하는 여성들, 주변에서 찾아보기 쉽지 않죠? 공학과 친해지고 싶은 소녀들에게 필요한 것은 롤 모델입니다. 어떤 여성은 지구를 구하기 위해 환경에 이로운 자동차를 30년 동안 연구하고 있다는 사실을, 어떤 여성은 자연재해로부터 인류를 보호하고 멋진 도시를 설계하는 일을 하고 있다는 사실을, 공학이 이 모든 것을 만들 수 있는 열쇠라는 사실을 알려 줄 누군가의 모습이 필요합니다.

이 책 『지금은 공학소녀시대』는 공학이 어떤 학문인지, 공학이 왜 우리에게 꼭 필요한지 알려 줍니다. 또한 30년 가까이 자동차를 연구하고 계신 베테랑 연구원 오미혜 박사님과 도시를 만드는 토목 전문가 손성연 대표님, 국내 최고 기업에서 '스마트홈'을 만들고 계신 IT 전문가 조혜정 상무님처럼 멋진 여성 공학자들의 모습을 통해, 공학자가 되면 어떤 일을 할 수 있는지 직접 확인할 수 있습니다.

공학은 앞으로 소녀들의 무대가 될 것입니다. 그러기에 한국여성과학기술인지원센터 WISET는 소녀들이 공학과 친해지고 재능을 발견하는 것에서 나아가 다음 세대의 주인공으로 성장할 수 있도록, 다양한 정책으로 서포트하려고 합니다.

공학과 함께 두 손으로 직접 미래를 만들어 나가고 싶은 소녀들에게, 이 책이 '제자리'를 찾아주는 역할을 하길 소망합니다. 앞으로의 세상에서는 더 많은 공학 소녀들을 만날 수 있기를 바라면서요. 지금은? 공학소녀시대!

한국여성과학기술인지원센터 소장
안혜연

차례

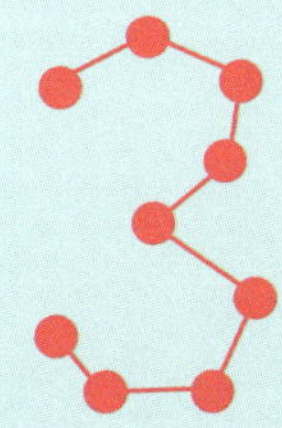

상상에서 일상으로, 미래 공학기술

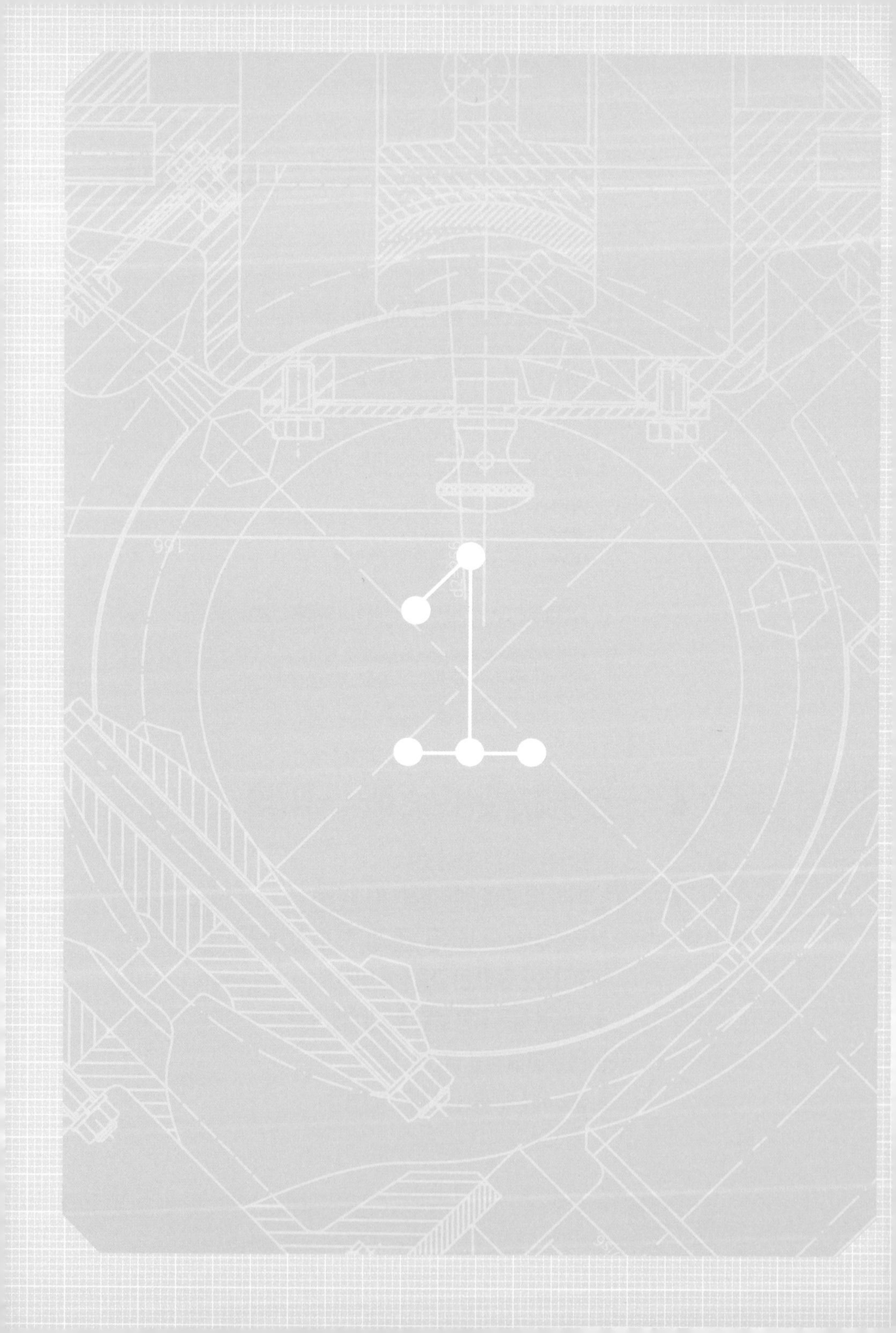

미래는 공학 그리고 공학소녀의 것!

오명숙(홍익대 화학공학 교수)

1 공학은 어떤 학문인가?

인터넷 검색창에 '공학'을 입력해 볼까요? 연관 검색어로 여러 공학 전공과 더불어 공학자, 엔지니어링, 기술, 공업, 공학용 계산기 등의 용어가 나올 겁니다. 이로 미루어 보면 기술과 공업에 연관된 분야임을 알 수 있고, 계산을 많이 하는 학문으로 볼 수도 있겠죠. 또한 '공학자'에서 알 수 있듯이 연구를 하는 학문임을 알 수 있고, 엔지니어링이라는 용어에서는 첨단 기술과의 연관성도 느낄 수 있습니다.

그렇다면 공학은 어떻게 정의할 수 있을까요? 더 상세히 검색해 보면 조금씩 다른 정의들을 볼 수 있을 텐데요. 고전적인 공학의 정의를 살펴보면 다음과 같습니다.

> **수학과 과학적 원리와 방법을 응용하여
> 기계나 구조물을 설계하고 건설하며
> 자연의 물질과 원료를 이용하는 공업기술에 대한 학문**

여러분도 프랑스 파리의 에펠탑을 잘 알고 있죠? 에펠탑은 20세기 공학의 업적으로 손꼽히던 구조물입니다. 이처럼 공학이란 건물을 짓고

🔺 프랑스 파리의 에펠탑(출처: shutterstock)

다리를 놓고 길을 닦는(토목공학) 것에서 시작하여, 기계를 설계하고 만들어 대량 생산을 가능하게 하고(기계공학), 자연의 물질을 변환시켜 우리가 필요한 물질을 대량으로 생산하는(화학공학) 것이라고 할 수 있습니다.

공학은 영어로 엔지니어링(Engineering)입니다. 이 단어는 라틴어 'Ingenium'에서 유래되었다고 하며, 어떤 목적을 위해 고안한 새롭고 기발한 장치나 방법을 일컫습니다. 21세기에 공학의 정의는 이러한 의미에 좀 더 가깝습니다. 문제 해결에 초점을 맞춰서 "수학과 과학적 원리와 방법을 응용하여 문제 해결을 위한 최선의 방법을 찾아내는 학문"인 거죠. 여기서 '문제'란 기술적 문제뿐만 아니라 사회적 문제도 포함합니다. 예를 들어 2020년 코로나 19(COVID-19) 팬데믹 쇼크를 맞아서 진단 키트와 마스크의 대량 생산 및 공급이 전염병의 확산을 낮추는 데 크게 기여한 것처럼요.

위의 두 정의에 덧붙여 제가 개인적으로 좋아하고 많이 사용하는 공학의 정의는 다음과 같습니다.

> 66
>
> 우리의 삶을 윤택하게 하고 삶의 질을 향상시키며,
> 국가의 부(富)를 구축하고, 미래를 만들어 가는 학문
>
> 99

공학이 국가의 부를 축적하고 미래를 만들어 가는 학문이라는 건 무슨 뜻일까요? 국제통화기금(IMF)이 발표한 2020년 세계 GDP(국내총생산) 순위를 보면 우리나라가 12위를 차지하고 있습니다. 이 높은 순위를 유지하는 데는 세계에서 상위권을 차지하고 있는 반도체, 휴대전화, 자동차, 석

유화학, 철강 등의 산업 기여도가 높답니다.

미래를 만들어 가는 공학의 대표적인 예로, 날이 갈수록 새로운 기능이 추가되고 있는 휴대전화를 살펴봅시다. 휴대전화의 등장은 우리의 삶을 크게 변화시켰습니다. 네트워크가 있는 곳이라면 어디에서든 서로 연결되어 있고, 책을 읽기보다는 동영상을 봅니다. 많은 양의 정보가 손끝에 있게 되면서 지식과 정보를 구분하고, 서로에게 질문을 하기보다는 검색을 하고, 은행이나 대형 상점에 줄을 서는 일이 줄어들고 이에 따라 새로운 직업군이 생겨났습니다. 최근 급속히 발달하고 있는 자율주행자동차 등과 같이 인공지능에 기초한 기술이 보급될 때 우리 미래의 삶은 큰 변화를 경험할 것입니다.

이 장에서는 공학이 우리 사회와 우리 삶의 질 향상에 어떤 영향을 미쳤는지 살펴보고 이를 통해 공학과 과학의 차이를 알아보려고 합니다. 그리고 공학 분야에는 어떤 전공이 있는지, 공학으로 진출하기 위해 중·고등학교에서 무엇을 준비해야 할지 자세히 알아보겠습니다. 더불어 공학 분야에서 여성의 역할이 확대되는 것이 얼마나 중요한가에 대해서도 논의해 봅시다.

2 '과학'이 만들고 '공학'이 연결하는 새로운 세계

공학과 과학의 차이는 무엇일까요? 두 학문을 구분하는 것 자체에도 논란이 존재하는 만큼, 이 질문에는 여러 개의 답이 있을 수 있답니다. 여기서는 두 학문의 차이를 페니실린의 발전사를 통해 알아보면서, 공학이 우리의 삶에 미친 영향을 살펴보겠습니다.

잘 알려진 대로 페니실린은 1928년 스코틀랜드의 과학자 알렉산더 플레밍이 푸른곰팡이에서 발견한 최초의 항생제입니다. 페니실린의 발견과 계속된 연구는 20세기 과학의 커다란 성과 중 하나로 꼽히고 있지만, 그 당시에는 그다지 주목을 받지 못했던 것으로 보입니다. 페니실린이 임상에 성공하기까지는 10년이 넘게 걸렸기 때문이죠. 1940년 호주의 과학자 하워드 플로리와 어니스트 체인은 유효 물질을 분리 정제하여 쥐를 대상으로 임상 환자를 진료하거나 의학을 연구하기 위하여 병상에 임하는 일 시험을 하는 데 성공했습니다. 1941년에 첫 번째 환자를 대상으로 임상을 시도했을 때 환자의 증세는 호전되었지만, 중간에 약이 떨어져 치료를 계속할 수 없었고 환자는 사망하고 말았습니다. 이를 보완하기 위하여 플로리와 체인은 페니실린의 생산량을 증대시키는 방법을 고안했고, 1942년

보스턴의 화상 환자를 대상으로 성공적인 첫 번째 치료를 하게 됩니다. 이 공적으로 플레밍이 페니실린을 발견하고 나서 17년 후인 1945년에 플레밍, 플로리, 체인은 노벨 생리학상을 공동 수상했습니다.

플로리와 체인이 생산량을 늘리기는 했지만, 여전히 수율_{원자재에 화학적 과정을 가하여 원하는 물질을 얻을 때, 기대했던 분량에 대해 실제로 얻어진 분량의 비율}은 매우 낮았습니다. 1942년 3월에 미국에서 생산된 페니실린의 절반 분량이 단 한 명의 환자를 치료하는 데 쓰였고, 1942년 6월에 이르러서야 10명의 환자를 치료할 분량의 페니실린이 생산되었을 정도입니다. 제2차 세계대전이 정점에 다다르면서 연합군 병사들이 상처가 곪아 사지를 절단하고 목숨까지 잃는 상황에서 페니실린의 대량 생산은 절실했고, 많은 연구소와 기업이 대량 생산 기술을 개발하기 위해 애썼죠. 그중 한 명이 마거릿 허친슨 루소라는 여성 화학공학인입니다.

마거릿 허친슨 루소는 대형탱크발효 생산공정법을 개발하여 페니실린을 대량 생산할 수 있었습니다. 페니실린의 대량 생산은 수만 명의 목숨을 구하고 부상자의 팔과 다리를 보존할 수 있게 했죠. 이러한 대량 생산의 노력으로 1945년에는 연 6,500억 개의 생산이 가능해졌습니다. 그리고 1950년대에는 페니실린의 구조가 규명되어 합성이 가능해졌으며 싼 가격으로 항생제를 보급하게 되었습니다. 오랜 기간 페니실린의 사용으로 내성을 가진 박테리아가 생성되어 다른 항생제로 대체되고 있기도 하지만, 페니실린은 여전히 1차 항생제로 널리 사용되고 있습니다.

앞의 예에서 보듯이 과학이 자연의 기초적인 현상을 연구하여 규명하

▲ 페니실린 초기 시료 테스트(출처: Wikmedia Commons)

고 새로운 물질을 만들어 내기도 하는 학문이라면, 공학은 과학의 성취로 얻는 혜택을 많은 사람들이 누릴 수 있도록 만들어 가는 학문입니다. 아무리 좋은 약과 제품이 우리에게 꼭 필요하다고 해도 비싸고, 손쉽게 구할 수 없다면 우리의 삶에 미치는 영향은 크지 않겠죠. 이처럼 공학은 과학적인 업적을 우리 삶에 밀접하게 연결하는 역할을 합니다. 공학자들이 자신의 일에 큰 자부심을 품는 이유입니다.

3 90%의 사람들을 위한 공학

　그렇다면 공학은 대량 생산이나 최첨단 기술만 포함하는 것일까요? 지금 내 주위 1m 이내에서 공학기술을 대변하는 제품을 하나 찾아보세요. 아마도 많은 사람이 앞에서 언급한 휴대전화를 선택할 것입니다. 100m 이내에서 찾으라면? 자동차가 대표적인 예가 되겠죠. 그런데 만약 휴대전화나 자동차의 혜택을 받지 못하는 사람들에게는 공학기술이 어떤 의미가 있을지 생각해 봤나요?

　예를 들면 한 달에 20만 원 이하만으로 생활해야 하는 지역의 사람들을 생각해 봅시다. 이런 사람들의 삶의 질을 향상시키기 위해서는 어떠한 공학기술이 필요할까요? '개발도상국 적정기술'이란 바로 이런 사람들을 위한 공학기술을 일컫습니다. 혹은 전 세계의 다른 90%의 사람들을 위한 디자인Design for the Other 90%으로도 불리죠. 전 세계의 최상위 10%를 제외한 사람들이 누릴 수 있는 기술인 거죠. 이들에게 최고 기술의 집합체인 유명 브랜드 자동차가 무슨 의미가 있을까요? 이들에게 필요한 공학기술을 정의하고 개발하기 위해서 공학자들은 현지에서 생활하면서 필요한 기술을 파악하고 이들이 감당할 수 있는 비용 내에서 기술을 개발하도록 했습니다.

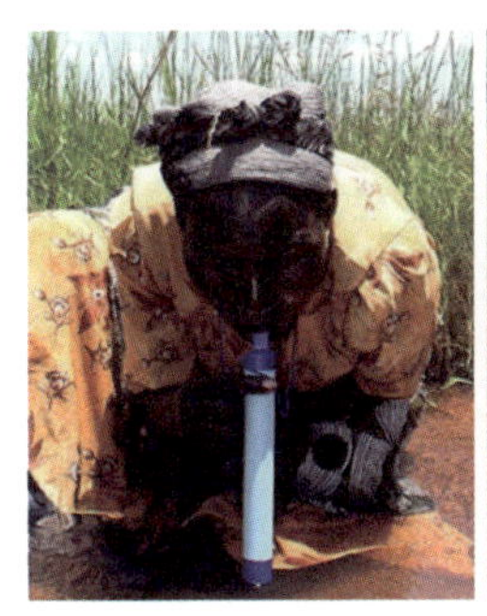

생명의 빨대(출처: https://www.vestergaard.com), Q-드럼(출처: http://www.qdrum.co.za)

아프리카에서 물은 귀한 자원으로, 물을 구하기 위해 먼 거리를 걸어가야 합니다. 물을 구하는 일에 어린아이들까지 동원되어 학교에 가지 못하는 경우도 있습니다. Q-드럼은 많은 양의 물을 흘리지 않고 쉽게 옮길 수 있게 만든 디자인입니다. 물의 오염으로 많은 어린이들이 병을 얻고 생명을 잃는 것을 방지하기 위해 개발된 '생명의 빨대lifestraw'도 있죠. 정수 필터를 갖춰서 기생충 알과 같은 작은 입자까지 걸러낼 수 있는 이 빨대는 1~2년까지 쓸 수 있어서 국제보호단체를 통해 보급되고 있으며, 최근에는 등산이나 오지 캠핑 등에도 사용되어 판매되고 있습니다.

그리고 대나무 등 그 지역에서 쉽게 구할 수 있는 재료로 제작된 대나무 발판 펌프도 있습니다. 혼자 혹은 두 사람이 마주 보고 수평으로 된 발판에 서서 걷듯이 밟아 주면서 지하수를 끌어올리는 장치입니다. 작은 농지에 물을 공급하는 데 주로 사용된다고 합니다.

4 기계, 전기, 토목, 화학······ 공학의 원조들

공학이 무엇이고 왜 필요한지 감이 오나요? 이제 공학 전공이 세부적으로 어떻게 나뉘는지 알아보겠습니다. 공학은 폭넓은 영역을 다루는 학문으로, 다양한 분야에 필요한 지식과 역량을 기반으로 나뉘어 전공이 정의됩니다. 기술의 발달과 더불어 각 전공이 더욱 세분화되어 독립된 분야로 자리를 잡아 가기도 하죠.

흔히 4대 공학이라고 일컬어지는 큰 분류부터 살펴봅시다. 4대 공학은 기계공학, 전기공학, 토목공학, 화학공학을 말합니다. 이 중에서 역사가 가장 오래된 전공은 토목공학과입니다. 토목공학과의 원천은 고대 이집트 시대까지 거슬러 가니까요. 거대한 구조물을 건설하고 도로를 닦고 시민사회를 만들어 가는 것과 관련된 학문으로, 영어로는 'Civil Engineering'으로 불립니다. 토목공학은 자연과 환경을 보존하는 분야를 포함하여 다양한 분야로 나뉘며, 건설공학·구조공학·교통공학·방재공학·환경공학·수자원공학 등을 들 수 있습니다.

그다음으로 등장한 것은 18세기 산업혁명과 함께 새로운 생산 공정의 필요성으로 발달한 기계공학입니다. 기계공학은 지금까지도 공학의 주축을 이루고 있으며, 넓은 학문 분야를 다루기 때문에 꾸준히 인기가 높죠. 기계공학에서 파생되어 새로운 전공으로 자리 잡은 분야는 음향공학, 항공우주공학, 자동차공학, 조선해양공학 등이 있습니다.

전기공학과의 경우, 19세기부터 활성화되어 현재 가장 크게 발전한 전공이라고 할 수 있습니다. 제가 대학을 다니던 시절에는 미국의 공과대학에서 전기공학과는 전기-컴퓨터공학과라는 명칭을 갖고 있었고 공과대학 중 학생 수가 가장 많았습니다. 미국에서는 지금까지도 전기-컴퓨터공학으로 운영되는 학과가 많지만 우리나라에서는 컴퓨터공학과가 독립학과로 자리 잡고 있으며 전자공학과, 통신공학과, 반도체공학과처럼 특화된 학과도 흔히 볼 수 있습니다. 또한 기계공학 전공과 융합되어 특화된 전공도 있는데, 로봇공학이나 제어공학 등이 해당되며 최근의 자율자동차공학도 두 분야의 융합으로 볼 수 있습니다.

4대 공학 중 가장 최근에 생긴 전공은 화학공학입니다. 페니실린의 예처럼 실험실에서 합성한 물질을 대규모로 생산할 필요가 있어서 발전한 학문이죠. 1888년 미국의 MIT 대학에 최초로 화학공학과가 개설되었고, 학과 정원이 고정적이지 않은 미국의 경우에는 공과대학으로 진학하는 학생들의 절반이 화학공학을 전공하기도 했습니다.

최근에는 화학적·물리적 현상과 법칙의 응용뿐 아니라 생물학적 응용 분야로 확대되어, 화학생물공학과 혹은 화학생명공학과로 운영되는 학과도 많습니다. 화학공학과 연관된 전공으로는 바이오분자공학, 고분자공학, 공정공학 등이 있습니다. 그 외에도 금속, 세라믹, 고분자 등의 재료를 아우르는 재료공학, 복잡한 공정이나 시스템 혹은 조직의 최적화를 다루는 산업공학, 도시를 설계하고 건축하며 인프라를 구축하는 도시공학, 원자핵의 분열과 융합을 다루는 원자력공학, 복잡한 생물학적 시스템의 지식을 응용하여 신약 개발부터 신에너지원의 개발에 응용하는 생물공학 등 다양한 전공이 개설되어 있습니다.

또한 최근 정보기술Information Technology, IT과 인공지능Artificial Intelligence, AI이 모든 공학 전공에서 중요해지면서, AI 혹은 IT와 공학 전공이 연계된 융합 전공도 활발히 개설되고 있습니다. 빠르게 변화하는 산업 생태계에 대응하기 위해 기존의 공학 전공 경계를 허무는 시도도 이루어지고 있으며, 인문계와의 연계 전공까지 개설되고 있죠.

5 공학을 전공하고 싶다면 이것부터

탄탄한 수학과 과학의 기초를 쌓자

공학은 수학과 과학의 여러 법칙을 응용하는 학문이며, 실제 공학 수업은 이 지식을 상상 이상으로 많이 활용하게 됩니다. 그러니 수학과 과학을 잘하면 모든 공학의 원리가 좀 더 쉽게 다가올 것이고, 또 수학과 과학을 복습하는 데 쓰는 시간을 공학을 배우는 데 쓸 수 있을 것입니다. 고등학교에서 배울 수 있는 과목 가운데 가장 만만치 않게 느껴지는 과목들을 파고들어서 공학 전공에 대비합시다. 이렇게 쌓은 탄탄한 기초 지식으로 나중에 좀 더 많은, 흥미 있는 공학 과목을 수강할 수 있을 것입니다.

공과대학의 교과과정은 갓 입학한 학생들이 각 전공에 필요한 수학, 과학 역량을 갖고 있다는 가정하에 구성되어 있습니다. 거기에 AI와 IT 같은 기술의 발달은 공과대학에서 다루는 내용의 폭을 점점 확대하고 있죠. 즉, 공과대학에서 다루어야 하는 내용이 점점 많아지고 있다는 뜻입니다. 따라서 수학, 과학의 탄탄한 기초 없이는 대학교 첫 학기부터 공학에 대한 흥미를 잃을지도 모르고, 공학에 대한 애착과 열정을 가진 공학자로 성장하기 어렵습니다.

공학에 흥미를 갖고 좋아하고 즐기게 되려면 과외 활동이 효과적입니다. 물리·화학 혹은 수학 클럽, 코딩이나 로봇 등 관련 동아리 활동이 공학에 관심을 갖게 해 줄 것입니다. 공학과 관련된 여름방학 캠프에 참가하거나 수학·과학을 잘하지 못하는 후배들을 개인 지도하면서 STEM Science, technology, engineering and mathematics, 즉 과학·기술·공학·수학을 말한다 분야에 대한 흥미와 자신감을 키울 수도 있겠고요.

이 책을 기획한 한국여성과학기술인지원센터 WISET, 위셋에서는 '미리 가는 연구실' 프로그램을 운영하기도 합니다. 이런 프로그램에 참여하여 대학의 연구실에서 새로운 분야에 관한 연구의 맛을 보는 것도 좋은 경험이 될 것입니다. 또는 최근 많은 지자체 혹은 비영리 기관에서 제공하는 '메이커 스페이스 3D 프린팅 등 다양한 공학기술과 아이디어를 체험해 볼 수 있는 작업 공간'를 이용하여 나만의 프로젝트를 시도해 보는 것도 좋습니다.

내게 맞는 전공은 무엇이며, 그 분야의 엔지니어는 어떤 일을 하는지 조사하자

앞에서 설명한 다양한 공학 전공 중에서 내가 관심과 흥미를 느끼고 재미있어 할 수 있는 분야가 무엇인지 탐색해 봅시다. 그리고 그 전공에서 필수로 택해야 하는 과목은 무엇인지, 그 과목을 수강하려면 어떠한 기초 과목이 필요하고, 중·고등학교에서부터 어떠한 준비를 해야 하는지를 구체적으로 나열해 봅시다. 어떤 대학의 어떤 전공에 입학하는가

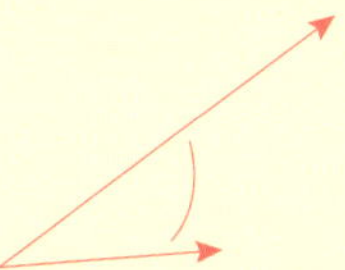

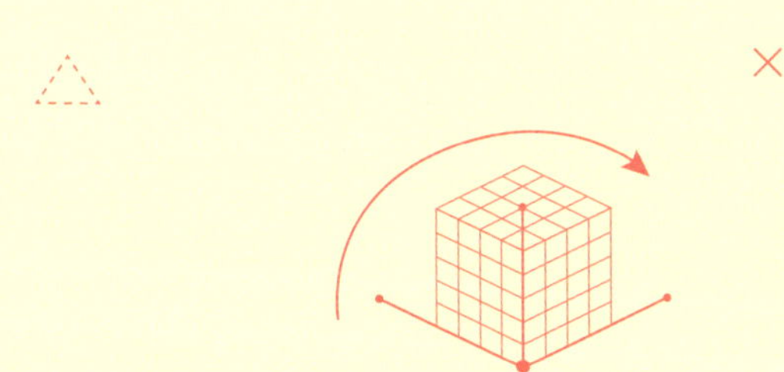

🔺 군산대학교 위셋 사업단의 '미리 가는 연구실'(2017) 프로그램

보다는, 내가 선택한 전공에서 4년 동안 어떻게 성장할 수 있는가가 더 중요하답니다.

그런 후에는 공학자로서의 구체적인 그림을 그려 봅시다. 각 분야의 엔지니어는 어떤 산업에서 어떠한 직무를 수행하는가를 적극적으로 알아봐야겠죠. 인터넷 검색도 도움이 되겠지만, 주위의 엔지니어를 만나 직접 이야기도 들어보고, 가능하다면 그들이 일하는 현장도 방문해 봅시다. 그 일을 하려면 중·고등학교에서, 또 대학에서 어떠한 준비를 해야 하는지 등, 내가 궁금한 점을 모두 적어서 체계적인 인터뷰를 진행해 보면 더욱 좋겠죠.

팀워크와 소통 능력을 키우자

공학 프로젝트는 거대하고 복잡하기 때문에 혼자 하는 일보다는 팀으로 수행하는 일이 대부분입니다. 따라서 다른 사람들과 함께 일하며 소통하는 능력이 매우 중요합니다. 이에 대비하여 대학에서도 실험과 설계뿐 아니라 다양한 프로젝트와 과제가 팀 단위로 수행되고 있답니다. 다양한 배경과 사고를 가진 사람들과 소통하고 서로의 성장을 돕고 함께 일할 수 있는 능력을 키우는 것이 중요합니다.

6 지금은 '공학소녀' 시대!

여러분이 여성이라면, 그런데 공학을 전공하고 싶다, 공학자가 되겠다고 말한다면 주변에서는 조금 놀랄지도 모릅니다. 그만큼 공학은 전통적으로 여성 종사자가 적은 학문 분야입니다. 우리나라 공과대학의 여학생 비율은 1980년대 초까지 1%에 못 미치다가, 1990년에야 6.3%로 증가했고, 2000년에는 17.8%로 큰 폭으로 증가했습니다. 2000년 이후 여학생의 비율은 꾸준히 증가하여 2019년 기준 전국 4년제 공과대학의 여학생 비율은 25.1%가 되었답니다. 많이 늘어났는데도 여전히 10명 중 3명도 안 되는 셈이죠. 공과대학에서 여학생 비율이 가장 높은 전공은 화학공학으로 41.9%에 이릅니다. 반면 기계공학은 10.7%로 가장 낮습니다.

공학 분야에서 여성의 낮은 비율은 선진국도 크게 다르지 않습니다. 미국은 수십 년 동안의 꾸준한 정책적 지원을 늘려왔음에도 공과대학의 여학생 비율은 22%_{Digest of Education Statistics 2019, table 321.10}에서 크게 나아지지 않고 있으며, 호주는 14.6%_{Australia's next generation of Engineers, Engineers Australia, 2018}, 영국은 15.1%_{The Women's Engnieering Society, 2017}로 우리나라보다 낮은 비율을 기록하고 있습니다.

호주에서는 이렇게 낮은 여성 엔지니어의 비율을 개선하고 공학 분야의 여성 진출을 독려하기 위해서 2007년을 '여성 공학인의 해'로 정하기도 했는데요. 그때 이러한 구호를 내걸었습니다.

공학은 여성을 필요로 한다.
Engineering needs women

공학은 여성에게 좋은 분야이다.
Engineering is good for women.

더 많은 여성이 공학 분야로 진출해야 한다.
The world needs women to be engineers.

그로부터 무려 13년이 지난 2020년까지도 이 문구는 우리에게 더욱 더 크게 다가옵니다. 제4차 산업혁명 시대에, 이 문구는 어떤 의미를 가질까요?

첫째, 공학은 여성을 필요로 합니다. 현재 세계에는 기후 변화, 화석 연료의 고갈에 따른 신재생에너지의 개발, 미세먼지 등에 의한 대기오염, 그리고 최근의 팬데믹까지, 복잡하고 쉽게 해결할 수 없는 거대한 문제들이 산적해 있습니다. 또한 현재 글로벌 시장은 다양한 고객을 만족시켜야 합니다. 다양성을 갖춘 팀, 즉 성별, 나이, 인종, 다양한 배경과 경험을 두루 갖춘 멤버들로 구성된 팀이 여러 다른 관점과 사고를 바탕으로 창의적·혁신적인 해법을 내놓을 수 있다는 것은 여러 연구로 증명된 바 있습니다. 다양성 측면에서 여성의 경험, 성장 배경, 다른 관점의 사고는 창의적인 아이디어를 도출하고 개선 및 혁신을 주도하여 공학을 발전 시키는데 핵심적인 요소입니다.

둘째, 공학은 여성에게 좋은 분야입니다. 공학은 우리가 흥미를 느낄 수 있는 다양한 분야를 포함하고 있고, 실생활에 밀접한 학문으로 우리의 일이 삶의 질을 어떻게 향상시키는지 볼 수 있으며, 환경을 보존하고 우리 사회의 지속 가능성을 높이는 데 직접 관여할 수 있습니다. 공학은 대학 졸업 후 진출할 수 있는 많은 직업군이 존재하여, 높은 보상을 받으면서 전문인으로 활동할 수 있는 분야이고, 여성이 보람과 성취를 느끼면서 성장할 수 있는 분야이기도 합니다.

제4차 산업혁명 시대에 접어들면서 세계는 더 많은 공학인을 필요로 하고 있고, 그에 따라 공학 분야에 더 많은 직업과 직종이 생길 것입니다. 제4차 산업혁명과 함께 더 나은 의료 시스템, 교육에서의 기회, 삶의 질 향상이 따라올 테지만, 이와 더불어 기후 변화, 사이버 범죄 등 부정적인 측면 또한 발생할 것입니다. 엔지니어로서 여성은 이러한 변화의 혜택도 누릴 수 있고, 함께 발생하는 문제의 해결에도 적극적으로 참여할 수 있습니다.

셋째, 더 많은 여성이 공학 분야로 진출해야 합니다. 공학은 더 이상 남성만의 분야가 아니고, 또 많은 사람들이 오해하고 있듯 거칠고 물리적인 힘을 요구하는 분야도 아닙니다. 또한, 같은 일을 반복하는 지루한 분야도 아닙니다. 여성의 수학과 과학 능력, 공학적 능력이 매우 우수하다는 것은 이미 증명된 사실입니다. 좀 더 많은 여성이 공학에 도전하고, 공학을 사랑하고, 공학을 통해 우리 사회의 발전과 삶의 질 향상에 기여하는 미래를 기대해 봅니다.

여성 공학인
멘토들에게 듣는다

1 더 착한 자동차를 만듭니다

인터뷰이 오·미·혜

화학공학을 전공하고, 현재 한국자동차연구원에 재직하며 자동차 산업에서 사업화될 수 있는 친환경 소재, 기능성 소재 등 첨단소재 관련 기술을 연구·개발하고 있습니다.

이제는 사회적 분위기가 많이 달라지기는 했지만, 여전히 과학계는 남성 위주의 분위기가 남아 있습니다. 특히 공학 계열이라면 더욱 그렇고, 그중에서도 자동차 산업은 남성의 고유 영역으로만 느껴집니다. 그런데 한 여성이 이런 자동차 산업 분야에서, 디자이너도 아니고 공학자이자 연구원으로 30년 가까이 종사하며 연구 개발에 참여하고 있다니, 궁금하지 않은가요?

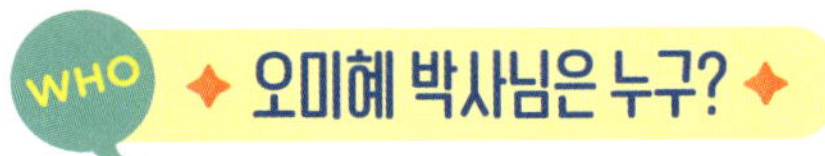

일하는 현장을 직접 보여 줬어요

제가 근무하고 있는 한국자동차연구원에서 일하는 여성 인력은 전체 250명 중에 13명 정도2015년 기준입니다. 연구원으로 종사하는 인력 중에서는 더욱 적고요. 그만큼 자동차 산업 분야가 남성의 고유 영역으로 느껴지는 것이 꼭 색안경 탓만은 아니라고 할 수 있죠. 이렇게 이야기하면 하나같이 저에게 걱정스러운 얼굴, 안타까운 목소리로 하는 말이 있습니다. "일하는 데 너무 힘들지 않으신가요?" 그러면 저는 또 당당하게 대답합니다. 제가 하고 싶은 일을 하는 데 여성이라는 점이 걸림돌이 될 수는 없다고요.

학창 시절에도 사정은 비슷했어요. 제가 여자고등학교를 졸업할 당시에 학교에서 공대에 진학한 학생은 제가 유일했던 것으로 알고 있거든요. 대학도 크게 다르지 않았어요. 제가 화학공학을 전공했는데, 당시 저희 과 정원 70명 중에 여학생은 저를 포함해 고작 6명이었답니다.

이런 이야기부터 시작하는 건, "내가 이렇게 많이 힘들었다!"라고 말하고 싶은 게 아니에요. 남성적인 학업 분위기 또는 남성 위주의 직장생활이더라도 결국 시간이 지나면 성별을 떠나 서로의 동기 그리고 동료가 된다는 이야기를 해 주고 싶습니다. 동의하기 쉽지 않겠지만, '남성 중심의 공학 분야에서 과연 내가 살아남을 수 있을까?'라는 걱정 때문에 진로를 고민하고 도전을 망설이지는 않았으면 좋겠습니다. 익숙해지니까 괜찮다는 말이 어쩌면 참 무책임한 말일 수도 있지만, 우리 인생은 언제나 새로운 환경에 놓이고 그 환경에서 적응하고 익숙해지는 것의 반복이잖아요. 고등학교를 졸업하고 대학에 갈 때에도, 대학을 졸업하고 사회생활을 할 때에도 말입니다. 단순히 공학 분야를 전공하는 것만이 우리가 새로운 환경에 던져지는 것은 아니죠. 그러니 '남성 위주의 근무 환경' 같은 것은 사실 나의 진로를 바꾸게 할 만큼 큰 힘을 갖고 있지는 않은 셈입니다.

물론 모든 과정이 호락호락하지는 않았어요. 연구원으로 일하면서 분명 힘든 점이 있었죠. 지금은 사회 분위기도 사람들의 인식도 많이 변했지만, 제가 처음 연구원 생활을 하던 1990년대 초반에는 여러 어려움이 있었습니다. 초반에는 함께 협업하는 기업에서 저를 공학을 전공한 연구원이 아니라 자동차 디자이너로 오해하는 경우가 많았고, 간혹 색안경을 끼고 보시는 분들은 여성 엔지니어라는 이유로 묘하게 무시하는 태도를 비출 때가 있었어요.

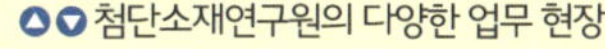

◐◑ 첨단소재연구원의 다양한 업무 현장

그래서 저는 가능한 제가 실제로 일하고 있는 모습을 협업하는 기업 분들에게 보여 주려고 노력했습니다. 예를 들면, 실험 장비를 수리하거나 부품을 교체하거나 하는 일반적인 업무를 보여 줄 기회를 일부러 만들기도 했어요. 재미있게도, 이런 일들은 함께 일하는 분들의 의식을 변화시키기에 충분했습니다. 성별에 대한 선입견보다는 함께 일하는 협업자로서의 믿음과 신뢰를 쌓는 시간이 필요했던 거죠.

뭐 그렇게까지 하나 싶을 수도 있지만 굉장히 중요한 부분이에요. 여성이냐 남성이냐가 아니라, 업무적으로 평가할 수밖에 없게 만들어 주는 거니까요. 그러고 나면 정말로 그분들의 태도가 확 달라지는 게 보였어요. 그때부터는 저를 여성이 아닌 엔지니어로 대했죠.

그러니까 여성이라는 이유로 포기하지 말라는 말을 꼭 하고 싶습니다. 결국 이렇게 돌파구가 생기게 마련이고, 스스로 자신의 분야에서 전문가로서 끊임없이 노력하고 실력을 키우면 무서울 게 없으니까요!

화학을 좋아하지 않아도 화학공학을 할 수 있다?

'수학 못하면 문과, 수학 잘하면 이과'라는 마음으로 진로를 결정하는 청소년은 이제 거의 없지 않을까 싶습니다. 또한 성적보다는 직업과 진로를 고려하여 전공을 선택하는 분위기가 만들어지고 있는 것 같아 아주 바람직하다고 생각합니다. 전공이 반드시 직업으로 연결되는 것은 아니지만, 대학 4년이라는 시간 동안 공부할 방향을 잡는 것은 정말 신중하게 이루어져야 하는 일입니다. 그 학과에서 무엇을 공부하는지, 그리고 졸업하여 어느 분야로 취업하게 되는지 등, 학과에 대해 많은 이해가 전제되어야 합니다.

그런 면에서 솔직히 저는 운이 좋았던 편이에요. 최근에는 과학 분야에 대한 관심이 높아지고 공학계열이 유망 분야로 떠오르면서 많은 분들이 자연과학과 공학에 대해 어느 정도 구분할 수 있게 됐다고 생각해요. 하지만 제가 고등학교에 다닐 때는 자연과학과 공학의 차이를 완벽하게 이해하기는 조금 힘들었답니다. 운이 좋았다고 말하는 것은 그런 이유 때문이죠.

저한테는 조선 관련 공학 분야에 종사하는 삼촌이 계시는데요. 사실 지금 돌이켜보면, 당시 제가 삼촌이 하는 일을 완벽하게 이해하고 있었던 것 같지는 않아요. 하지만 삼촌 덕분에 조금이나마 일반 과학과 응용과학을 구분하고 있었고, 그렇기 때문에 진로를 결정할 때 '이과에 가고 싶다!'가 아니라 '공학을 하고 싶다!'라고 희망 진로를 조금 더 구체화할 수 있었던 것 같습니다.

저는 해석의 여지가 다양한 문학 문제를 푸는 것보다 정답이 명확하게 나와 있는 수학 문제를 푸는 것이 더 즐거웠어요. 고등학교 때는 과학 과목 네 과목 중에서 두 과목을 선택했는데요, 저는 화학과 생물보다는 물리와 지구과학을 선호했습니다. 나중에야 알았죠, 배우는 과정에서 다소의 차이는 있지만 네 과목이 결국은 서로 통한다는 것을. 화학을 선택하지 않은 고등학생이 대학에서 화학공학을 전공했다는 것이 조금 이상하게 들리죠?

공학은 학문을 바탕으로 인간의 생활을 얼마나 편리하고 이롭게, 덧붙여 경제적으로 할 수 있느냐를 연구하고 개발하는 분야라고 할 수 있습니다. 그래서 공학을 공부한다는 것은 먼저 공학의 기본 과정이 있고, 그것이 세부 전공에 따라 화학 산업, 기계 산업, 전기·전자 산업 등에서 각각 활용된다고 보면 됩니다. 그러니 화학공학에서 화학이 중요하기는 하지만 전부는 아닌 것이죠.

2차 전지와 자동차가 만나다

앞서 말했듯이 공학을 하고 싶다고 생각하기는 했지만, 처음부터 자동차 산업에서 공학자로 일하고 싶다고 생각한 건 아니었습니다. 대학원 석사과정 때 '2차 전지'를 전공했는데, 그때가 1990년대 중반이었어요. 당시 환경 이슈가 부각되면서 '친환경차'로 다시 주목받기 시작한 것이 바로 전기자동차였죠. 이렇듯 우연히 타이밍이 맞았던 면도 있습니다.

2차 전지라는 말이 낯설죠? 한 번 쓰고 버리는 것이 아니라 충전을 통해 반영구적으로 사용할 수 있는 전지를 말해요. 일반적으로 우리가 많이 사용하는, 한번 쓰고 버리는 건전지와 달리 충전이 가능해서 지속적으로 사용하는 것을 2차 전지라고 할 수 있죠. 충전기만 있으면 전지의 교체 없이 지속적으로 사용할 수 있는 스마트폰, 노트북 등이 모두 이런 2차 전지 기술을 기반으로 하고 있습니다. 또한 전기를 충전하여 사용하는 전기자동차 역시 2차 전지에 의해 그 성능이 결정될 정도로 전지가

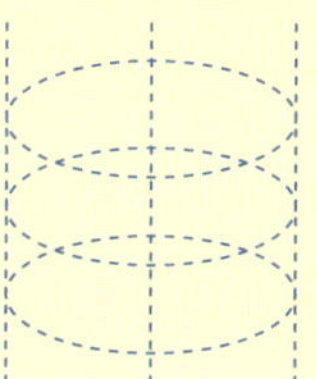

 스마트폰이나 노트북처럼 2차 전지 기술을 통해 충전하여 사용할 수 있는 전기자동차(출처: shutterstock)

중요한 역할을 한답니다.

전기자동차라는 당시 이슈와 제 전공, 흥미까지 맞물려서 자연스럽게 지금의 직업을 갖게 되었죠.

30년간 같은 일을 하고 있는 사람으로서

이공계 여학생을 대상으로 멘토링 프로그램에 참여하고 있어요. 멘토링이란 특정 분야의 경험이 많은 선배멘토가 이제 막 시작하는 이멘티에게 지도나 조언을 하는 제도죠. 처음에는 멘토의 무게감도 모른 채 막연하게 시작했어요. 그런데 프로그램을 한 해 한 해 진행하면서, 그리고 조언을 구하는 수많은 멘티들을 만나게 되면서 '내가 정말 이 일을 해도 되는 걸까?'라는 물음을 스스로에게 던지게 됐습니다. 멘티들이 눈을 반짝반짝 빛내면서 저한테 질문을 하고 제 이야기를 경청할 때면, 제 말 한마디가 그들에게 어떤 영향을 주게 될지 두려울 정도예요.

한번은 고등학생을 대상으로 하는 멘토링 프로그램에 참여하게 됐는데요. 과학반의 학생들 6~7명과 함께 단체로 진행하는 멘토링이었어요. 정말 오래전 일인데 아직도 기억에 남는 친구가 한 명 있었어요. 그 친구는 대화를 나눌 때 항상 손을 들고 발언권을 얻고 이야기를 시작했어요. 편안하게 차를 마시는 분위기에서도요. 멘토링 프로그램이 2~3회쯤 진행되고 제가 어느 정도 편안하게 느껴졌는지 그 친구가 저한테 이렇게 묻더라고요.

"오늘 시험 끝났는데 딱 반나절만 놀아도 될까요?"

속으로는 "반나절이 뭐야, 하루 종일 놀아도 되지! 나도 시험 끝나고 일주일은 놀았어!"라고 소리쳤는데, 사실 그 말을 입 밖으로 꺼낼 수는 없었어요. 그 학생의 환경을 정확히 알 수 없으니 뭐라고 말할 수 없죠. 대신 저희 아이들은 시험이 시작되기도 전에 시험 끝나면 즐길 계획을 한다고 얘기해 줬죠.

그때는 말하지 못했지만 그 후로도 그 일이 머릿속에 계속 남아 있었던지, 최근에 멘토링을 할 때 친구들에게 이런 이야기를 들려주곤 해요. '내가 너희에게 어떤 공부를 어떻게 얼마만큼 하라고 말해 줄 수는 없다. 그리고 너희가 얼마나 바쁜지 너무 잘 알고 있다. 하지만 바쁜 와중에도 꼭 한 번씩은 생각해 보길 바란다. 나중에 어떤 직업을 가질지, 무슨 일을 하고 싶은지, 그리고 자신의 미래가 어떨지. 그리고 진로를 고민하는 과정에서 직업은 일부분일 뿐이라는 것도 기억했으면 한다.'

원론적인 이야기지만 멘토링 프로그램 중에서도 중·고등학생에게는 꼭 하는 이야기예요. 청소년 시기에 진로는 정말 심각하게 고민해야 하는 것이거든요. 하지만 많은 학생들이 공부에 치이고 스펙에 치여서 놓치고 있는 것 같아요. 쫓기듯 학원을 다니고 계획된 대로 학습 진도를 나가야 하니……. 사실 시험 끝나고 반나절 놀 시간조차 없는데, 그런 고민을 할 시간이 있을까요? 그런데, 그럼에도 불구하고 정말 중요해요. '지금 이 영화를 볼까 말까'는 약 2시간을 위한 고민이죠. '이 동아리를 들어갈까 말까'는 짧으면 6개월, 길면 3년을 위한 고민이에요. 반면 직업 고민은 어떨까요? 직업은 1~2년으로 끝날 게 아니고, 지나고 나서 쉽게 바꾸거나 다시 선택할 수 있는 것도 아니에요. 최근에야 평생직장이 없고 이직률이 높다지만, 그래도 분야 자체를 완전히 바꾸는 경우는 매우 드물어요. 30년이나 같은 일을 하고 있는 사람으로서 조심스럽게 말해 봅니다. 아무리 바빠도, 해야 할 공부가 아무리 많아도, 한번쯤은 펜을 내려놓고 깊이 고민할 시간을 가졌으면 좋겠어요. 반드시 그래야 해요.

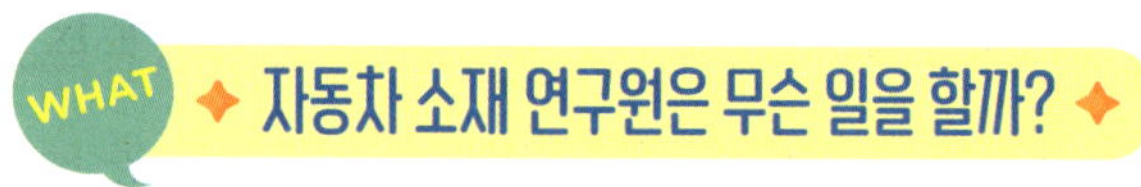

이제 없어선 안 될 자동차, 더 친환경적으로 만들기

한국자동차연구원은 자동차에 쓰이는 각종 부품을 연구하고 개발하는 기관입니다. 자동차 관련 핵심 기술을 연구하고, 자동차에 쓰이는 각종 부품과 그 소재들의 내구성과 성능 등을 높이기 위한 연구를 진행하죠. 그중에서도 제가 수석연구원으로 속해 있는 첨단소재연구센터에서는 친환경 소재, 기능성 소재, 융복합 소재 등을 연구·개발하고 있습니다. 쉽게 말하자면 자동차를 만들 때 안팎에 들어가는 소재가 뭐가 좋을지 연구하고 개발하는 겁니다. 그런데 궁금하지 않은가요? 이미 만들어져 있고 흔히 사용하고 있는 자동차 부품과 소재를 왜 계속 연구·개발해야 하는 걸까요?

환경보호를 주제로 포스터를 그리면 흔히 자동차 매연을 표현하곤 하잖아요? 지금이야 자동차 산업계의 노력으로 그런 인식이 많이 줄어들었지만, 자동차가 환경오염의 주범으로 인식되던 시기가 분명 있었습니다. 자동차로 인한 환경오염 방지와 자동차 산업의 녹색성장을 위해서 자동차 소재에 대한 연구는 굉장히 중요하다고 생각합니다. 환경보호 목적 외에도 에너지 효율을 높이거나 편의성 및 내구성을 강화하는 방향으로도 연구·개발이 이루어지고 있고요.

첨단소재연구원에서는 더 튼튼하고 더 편하고 더 착한 자동차의 소재를 만들고 있습니다. 이해를 돕기 위해 제가 현재 개발하고 있는 '방열·전자기파 차폐'라는 소재에 대해 알려드릴게요.

환경을 생각하는 자동차가 전기자동차라는 것은 모두 알고 계시죠? 보통의 자동차가 휘발유나 경유 등의 화석연료를 사용하여 움직이는 반면, 전기자동차는 말 그대로 전기를 이용해 움직이는 자동차입니다. 전기자동차는 일반적인 자동차와 비교했을 때 몇 가지 장점을 가지고 있는데요. 그중에서 가장 중요하게 여겨지는 것은 역시 오염 물질 배출량이 적다는 점입니다. 앞서 말했듯 2차 전지를 동력원으로 하기 때문에, 일반 내연기관 자동차보다 적은 양의 오염물질을 배출해 친환경적인 자동차라는 평을 받고 있는 거죠.

하지만 이렇게 좋은 전기자동차도 분명 개선되어야 할 부분은 있습니다. 전기자동차가 작동될 때 고전압에 의해 발생되는 열과 전자파의 영향을 완전히 무시할 수 없거든요. 이런 면에서 열을 밖으로 배출시켜 주고 전자기파의 영향을 최소화해 주는 소재가 반드시 필요합니다. 아직 상용화되지는 않았지만 자율주행자동차의 경우에도 대용량의 정보를 빠르게 전송하고 처리해야 하기 때문에 열이 많이 발생하는 편입니다.

5G나 디스플레이 기기 역시 마찬가지이고요. 첨단소재연구원에서 연구하고 개발하는 복합 소재는 이런 문제를 해결하기 위해 꼭 필요하답니다.

연구실에 앉아 실험만 하지는 않아

연구원이라고 하면 흰 가운 입고, 스포이트 들고, 현미경을 관찰하는 모습이 떠오르지요? 반대로 엔지니어라고 하면 렌치를 들고 나사를 조이는 모습이 떠오르고요. 그렇다면 제 직업인 첨단소재연구원은 딱 그 중간을 떠올려 보세요.

공학자 또는 연구원이라고 하면 다들 연구소에서 어떤 업무를 하는지 굉장히 궁금해 하더라고요. 사실 상상이 잘 안 되기는 하잖아요. 글쎄요, 사실 연구원도 직장인이라 오전 9시에 출근해서 오후 6시에 퇴근하고, 일이 많으면 야근도 하는 회사원이라고 보면 될 것 같아요.

하루 일과를 말하자면, 출근해서 오전에는 메일들을 확인하고 그날 진행되어야 할 실험에 대해 동료 연구원들과 협의하고 일정을 조율하거나 회의를 진행합니다. 대부분 서류와 관련된 일들을 오전에 처리한다고 보면 될 것 같습니다. 그리고 오후에는 대부분 실험실에서 일하며 연구·개발을 합니다. 늦은 오후 또는 퇴근을 한 후에는 논문을 쓰거나 그날 연구에 대한 보고서를 작성합니다. 변수라고 한다면 기업과의 회의나 학회 및 전시회 참여 정도겠네요.

공학자에게 연구만큼 중요한 것은 산업 현장을 이해하고 분석하며 협업하는 것입니다. 그래서 기업과 회의를 통해 기술을 분석하고 문제를 도출하여 솔루션을 찾아가는 과정이 중요해요. 그와 마찬가지로 한국자동차연구원은 단순히 자동차 부품을 연구하는 기관이 아니라 개발까지 하는 기관입니다. 그러니까 산업체, 즉 기업이 필요로 하는 부품을 개발하기 위해 연구하는 거죠. 개발된 소재로 실제 부품을 만들어서 부품 테스트도 하고, 이게 정말 상용화될 가능성이 있는지 확인하고, 사업화로 이어질 때 비로소 저희 개발이 완료되는 셈입니다.

앞서 말한 방열·전자기파 차폐 소재 연구에 성공했다고 가정해 봅시다. 만약 이학자라면 여기서 맡은 바 업무가 끝나고 연구 결과를 도출했다고 할 수 있을 거예요. 하지만 공학자는 아니랍니다. 공학자는 이렇게 개발된 소재가 완성 차의 부품으로 판매되거나, 함께 개발한 소재 기업이 사업화를 진행해야 하죠.

그래서 제가 하고 있는 모든 연구·개발은 기본적으로 기업과 함께 이루어집니다. 기업에서 필요로 하는 기술을 저희에게 제안하거나, 저희가 가지고 있는 기술을 기업에 제안하며 개발 내용을 계획하죠. 그래서 논문은 많이 안 쓰지만 오히려 세미나나 학회, 전시회 등에는 꾸준히 참여합니다. 그곳에서 기술 동향을 파악하기도 하고, 저희가 가지고 있는 기술을 홍보하기도 하고요. 저희 기술은 사업화되는 것이 최종 목적이니까, 연구실에 앉아서 실험만 할 수는 없는 거랍니다.

자동차 소재를 다 개발했냐고?

30년 동안 연구·개발한 기술과 소재를 모두 말하기는 어려우니, 특히 자신 있는 아이템 위주로 이야기해 볼까 합니다.

우선 대학원의 석사과정에서 2차 전지를 전공하고 연구원에 들어와서 연료전지 소재 부품 및 시스템을 연구했습니다. 연료전지 자동차 동력원으로서 시스템 연구와 부품 중 수소·산소의 흐름을 유도하고 전극과 전해질을 지지하는 분리판의 디자인 및 재료를 개발했죠. 석사과정에서 2차 전지를 전공한 것이, 연구원에 들어와 처음 한 연료전지의 연구·개발에 정말 큰 도움이 됐다고 느꼈습니다.

가벼운 소재에 대한 필요가 커지면서 자동차 유리를 투명 플라스틱으로 대체하는 기술을 개발하기도 했습니다. 투명 소재와 코팅, 그리고 자동차 적용성 등을 연구·개발하여 실차 시험까지 진행했죠. 이 기술은 대한민국기술대전에서 우수상을 수상했답니다.

2013년 즈음에는 글로벌 자동차 기업들이 감각적인 디자인을 위해 '와이드 파노라마 선루프'를 탑재하는 추세였습니다. 자동차 앞좌석 지붕이 열리는 멋진 차를 본 적이 있죠? 그걸 선루프라고 하는데요, 그중에서도 '와이드 파노라마 선루프'는 기존에 운전석까지만 설치하던 선루프를 뒷좌석까지 확장한 방식입니다. 햇빛과 공기를 그만큼 더 많이 받을 수 있지만, 가장 큰 단점은 선루프 유리의 무게였죠. 이 때문에 차량 전체가 무거워질 수밖에 없었어요.

당시 연구·개발한 플라스틱 소재의 선루프는 유리 선루프보다 무려

⬤ 무게와 사고 시 위험성을 줄이기 위해 유리를 투명 플라스틱으로 교체한 선루프

절반 가까이 무게를 줄인 것으로 높은 평가를 받았습니다. 또한 플라스틱 소재는 사고가 났을 때에도 유리 소재보다 위험성이 적어 소비자 안전성에도 크게 기여하는 소재 개발이었죠.

지금은 앞서 말했듯이 전기자동차, 자율주행자동차 등의 부품에서 발생하는 열과 전자파의 영향 문제를 보완할 수 있는 소재를 개발하고 있습니다. 방열 복합소재와 전자기파 차폐 복합소재라고 부르죠. 개발된 소재가 완성 차의 부품에 부분적으로 적용되고 있고, 함께 개발한 소재 기업은 이미 이 소재로 사업화를 진행하고 있답니다.

언젠가 비슷한 질문을 받아 이런 개발 내용을 말씀드렸더니, 어떤 분이 '그럼 자동차 소재는 당신이 다 개발했느냐'는 식으로 약간 비꼬기도 했죠. 하지만 이 분야 경력이 거의 30년인 데다 응용산업의 개발자라면, 이 정도의 개발품은 이야기할 수 있어야겠죠!

또한 제가 취업을 할 시기에 자동차 산업 종사자는 대부분 기계공학자들이었어요. 저처럼 화학공학 또는 화학 전공자는 그렇게 많지 않았죠. 거기다가 저는 여성 엔지니어니까 그만큼 더 악착같이 일하고, 제 능력을 보여 주기 위해 노력했던 결과이기도 합니다.

부족한 자원과 더욱더 중요해질 '소재'의 힘

첨단소재연구원의 전망이 궁금하다고요? 자동차 산업에 대해 먼저 이야기해 볼게요. 전 세계적으로 인구가 증가하고 중산층이 증가하면서 동시에 자동차의 수요 역시 끊임없이 늘어나고 있습니다. 도로 교통망이 확충되고 먼 거리도 쉽게 이동할 수 있는 지금, 자동차 없는 삶은 상상할 수 없을 정도죠. 정량적으로도 자동차 산업의 발전을 확인할 수 있는데요. 우리나라의 자동차 총 등록 대수는 2,280만 대_{2018년 6월}에 이릅니다. 인구수_{약 5,180만 명}를 고려했을 때, 무려 2명당 1대꼴로 자동차를 보유하고 있는 셈이에요.

이런 수요의 증가와 더불어 많은 이들은 더 높은 수준의 안전성, 편의성을 가진 제품을 요구하고 있습니다. 또한 전 세계적으로 이산화탄소 배출량 감소를 위해 꾸준히 노력하고 있죠. 자동차가 보편적인 교통수단으로 자리 잡은 이래로, 자동차에 대한 연구는 끊임없이 이루어져 왔습니다. 변화하는 사회적 분위기와 시장의 흐름 속에서 자동차 분야의 연구와 기술 개발은 아마 계속 이루어지지 않을까 생각합니다.

그렇다면 자동차 산업 중에서도 소재 연구는 어떨까요? 사실 자동차 산업뿐만 아니라 모든 산업에서 소재 연구는 앞으로 지속적으로 향상되리라 생각합니다. 지금까지 우리나라 산업은 시스템을 최적화시키는 산업들이 주를 이루었습니다. 그러다 보니 원천 소재, 응용 소재 등의 산업이 활발히 발전하지 못했고 자체 기술화하지 못한 것이 사실입니다. 이제는 달라져야 할 시기입니다. 자체적인 소재 기술을 가지고 있지 못한다면, 꼭 자동차 산업 분야만이 아니라 전반적인 산업 분야에서 국제적인 위기를 겪을 수 있습니다.

우리나라에 천연자원이 부족하다는 것은 많이 들어서 알고 있죠? 하지만 소재 원천 기술을 확보하고 있다면, 천연자원을 보유한 국가들의 수요처로서 자리 잡을 수 있을 것입니다. 그러기 위해서는 첨단소재에 대한 연구·개발이 지속적으로 이루어져야만 하겠죠? 그렇기 때문에 '소재를 개발하는 연구원'이라는 직업은 전망이 밝을 수밖에 없다고 생각합니다.

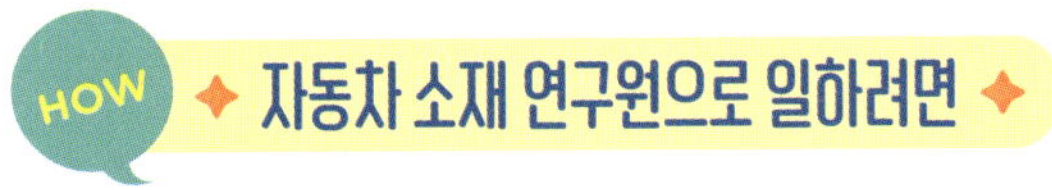

이 직업엔 이 학과? NO! 지금은 융합과학시대

멘토링 프로그램에 참여하다 보면 가장 많이 듣는 질문 중 하나가 "한국자동차연구원에서 연구원으로 일하기 위해서는 어떤 학과를 졸업해야 하나요?"입니다. 이 질문을 들을 때마다 그렇게 난감할 수가 없어요. 제가 취업을 하던 시기였다면 조금 더 대답하기 쉬웠을 것 같아요. 당시에는 자동차 산업에서 기계공학 혹은 금속공학 전공자가 다수를 차지하고 있었으니까요. "자동차 산업 분야로 진출하기 위해서는 기계공학을 전공하는 것이 좋아요"라고 자신 있게 말했겠죠. 하지만 최근에는 자동차 산업 역시 화학공학, 전기전자공학, 재료공학, 전파공학 등 다양한 분야의 융합기술이 필요한 분야가 됐기 때문에 그만큼 연구원들의 전공역시 다양해졌습니다. 그래서 딱 이 학과를 졸업해야 한다고 말하기가 너무 어려운 게 현실입니다.

진로에 대한 고민으로 전공 선택에 어려움을 느끼는 학생에게는, 더 오랫동안 지속되어 온 공학 분야를 선택하라고 제안하고 싶어요. 그만큼 우리의 삶에 필요한 부분이 많은 분야라는 것이고, 그런 학문을 공부한다면 나의 진로가 다양해지고 선택의 폭이 넓어질 가능성이 있다는 뜻이니까요. 그리고 이미 전공을 선택한 학생이라면, 그 전공의 기본에 충실하길 권합니다. 모든 응용 분야는 본질에서 출발한다는 것을 잊지 마세요.

개인적인 견해일 수 있지만, 요즘 학생들은 자신의 전공 공부를 충실히 하기보다는 그때그때의 관심이나 학점을 충족시키기 위해 대학을 다니는 것 같아 안타깝습니다. 물론 대학교에서 반드시 전공 관련 수업만 듣는 것이 바람직하다는 뜻은 아닙니다. 어떤 학문이든 배운다는 것은 그 자체로 유의미합니다. 하지만 그 학과를 졸업했다고 하면 사람들이 기본적으로 기대하는 바가 있습니다. 화학공학과를 졸업했다고 했는데 막상 기술 면접을 보다 보면 기본적인 용어조차 이해하지 못하거나 기본 과목도 수강하지 않은 경우가 있습니다. 그럴 때면 아무리 졸업 성적이 좋더라도 정말 화학공학과를 나온 게 맞나 의문이 들죠.

특히 취업생의 입장에서는 본인의 전공을 얼마나 충실히 공부했는지, 그리고 그 전공을 기본으로 종사하고자 하는 산업 분야에 어떻게 적용할지 고민했는지 등이 정말 중요합니다. 그래서 저는 항상 대학교 학생들에게 가능한 전공 과목은 다 들으라고 이야기해요. 전공 과목이 어려워서 전체적인 졸업 성적에 영향을 준다 하더라도, 그 성적 하나보다 전공에 대한 지식이 있느냐가 더욱 중요할 수 있거든요.

'전·화·기'를 기억할 것!

중·고등학생들이 학과 고민을 할 때에는 꼭 전통적인 학과에 가라고 말합니다. 여기서 전통적인 학과란, 공학과로 예를 들면 기계공학, 화학공학, 건축공학 등과 같이 아주 옛날부터 있었던 학과를 말합니다. 그 이름을 가진 학과가 아주 오래전부터 지금까지 살아남은 데에는 그만한 이유가 있지 않을까요? 지금도 그렇지만 예전에도 유행하는 산업 분야의 이름을 따서 만들어진 학과들이 반짝 생겨나고는 했습니다. 그런데 그런 학과들이 왜 지금은 사라지고 전통적인 학과들만 남아 있는 걸까요? 생각해 보면 이유는 간단해요.

예를 들어 A라는 산업 분야가 유행을 타서 A화학공학과라는 학과가 만들어졌다고 가정해 봅시다. 이때 A화학공학과는 다른 일반 화학공학과보다 경쟁률이 높아서 들어가기도 힘들어요. 그런데 최소 대학 4년,

그리고 최대 박사까지 십여 년을 넘게 공부하고 나면 결국 유행은 바뀌게 되어 있어요. 이제 더 이상 A라는 산업 분야가 유행이 아니란 말이죠. 그럼 A화학공학을 전공한 사람은 이제 B, C, D 산업 분야에 진출을 해야 하는데, B, C, D의 입장에서 A화학공학 전공자는 A산업 분야 전문가로 여겨진단 말이죠. 사실 전공 수업은 화학공학이랑 비슷하다고 하더라도 말이에요. 그렇기 때문에 전공을 정할 때 넓은 범위의 학군, 쉽게 말해서 어디에서도 써먹을 수 있는 학군을 선택하라고 말하는 거랍니다.

공학에 관심이 있다면 '전·화·기'라는 말을 들어 봤을 거예요. 공대생들 사이에서 '전·화·기', 그러니까 전기전자공학, 화학공학, 기계공학 전공자들은 졸업하면 취업이 쉽다는 의미에서 사용되는 말인데요. 이런 이야기에 100% 동의하지는 않지만, 앞서 말했듯 유행을 타지 않는 안정적인 학과라는 면에서 일리가 있어요.

끊임없이 배울 준비가 되어 있다면, 화학공학

화학공학과는 이름에서 연상되듯이 단순히 화학물질을 다루고 화학반응을 연구하는 학과가 아닙니다. 그보다는 화학 공정, 그러니까 제품이 생산되는 모든 과정을 설계하고 기획하는 것을 배운다고 말하는 편이 더 맞을 듯합니다. 예를 들어 볼까요? 우리는 뉴스에서 종종 놀라운 연구 결과나 개발된 제품들을 만날 수 있습니다. 언젠가는 1cm 크기의 아주 작은 스마트폰 보조 배터리를 만드는 데에 성공했다는 뉴스를 보게 될지도 모르죠. 하지만 그 뉴스를 보고 난 바로 다음 날 우리가 그 제품을 구매할 수 있는 것은 아닙니다. 기술에 대한 연구·개발의 성공과 그 기술이 제품화·사업화되는 것은 완전히 다른 것이라는 뜻입니다.

군이 따지자면 화학공학과에서는 후자를 공부합니다. 화학공학과는 기본적인 과학 지식을 기반으로, 인간에게 필요한 기술을 연구하고 이를 제품으로 개발하며, 이 제품을 생산할 수 있는 공정 기술을 익힐 수 있는 학과입니다. 들리는 바와 같이 실용적인 학문이고, 많은 기업에서 다양하게 활용되고 있는 분야입니다.

하지만 그만큼 트렌드에 민감한 학문이기도 합니다. 졸업을 하고도 끊임없이 공부하고 관련 분야에 대한 기술을 공부해야 합니다. 실제로 저는 1994년 석사학위를 취득하고 직장 생활을 하다가, 11년 후인 2006년에 대학원 박사과정에 입학했습니다. 일과 직장생활 그리고 육아를 병행하면서 2008년 박사학위를 취득했죠. 그리고 지금까지도 새로운 학문에 대한 배움을 놓지 않고 있습니다. 여유가 없어 보일 수 있겠지만, 호기심이 풍부하고 무언가 배우기를 좋아하는 사람이라면 잘 맞을 거라고 생각합니다.

미래의 후배들에게 한마디

이런 인터뷰를 진행하다 보면 가장 많이 듣는 질문이 여성으로서 남성 위주의 산업 분야에서 일하기 힘들지 않았느냐는 것입니다. 사실 남성 인력이 많은 곳에서 일해서 힘들었다기보다는 여성으로서 한국 사회에서 직장인으로 살아가는 것 자체가 어려웠다는 생각이 듭니다. 일과 가정을 병행하는 일이나, 여성에게 갖는 편견 같은 것들 때문에요.

하지만 항상 어려움만 있는 것은 아니고 장점도 분명 있습니다. 이런 인터뷰에 참여할 기회를 얻을 수 있는 것이 가장 큰 장점이지 싶네요. 여성이기 때문에, 그리고 업계에서 소수자이기 때문에 어느 정도의 궤도에 올라서면 남성들보다 더 큰 의미로 인정받는 면이 있는 것 같습니다. 주어진 환경을 극복했다는 점에서 높이 평가받는 것이지요. 물론 제가 그만큼 노력해서 이루어낸 것이지만, 이루어낸 것을 인정받는다는 것은 즐거운 보상이잖아요? 또한 보수적인 사회일수록 일단 궤도에 들어가면 더욱 견고하게 자리 잡을 수 있는 것도 사실입니다. 그러니 너무 걱정만 하지 말고, 두려워하지 말고, 공학 분야에 뜻이 있다면 용기 내어 도전하기를 바랍니다.

"여자는 수학, 과학을 못한다."

"여자는 결혼을 하면 남편의 직장을 따라 나의 의지를 꺾고 따라야 한다."

"여자는 현장에서 거칠게 일하기 힘들다."

도대체 이런 알 수 없는 선입견들은 어디서부터 시작된 것일까요? 이런 선입견이 여성이 자기 삶의 방향을 설정하거나 도전하는 것을 막고 있는 것은 아닐까요?

제가 바라는 사회는 본인의 의지가 타의에 의해 꺾여서는 안 되는 사회 시스템입니다. 전공을 통해 내 발전을 이루고 나아가 사회에 공헌하고 싶은데, 사회구조 혹은 인식이 발목을 잡아서는 안 된다는 것입니다. 성별의 문제가 아니라, 사회 모든 구성원이 본인의 의지를 드러내고 그것이 구현될 수 있는 사회가 되기를 간절히 희망합니다. 어느 누구도 하고 싶은 일을 할 수 없어선 안 됩니다.

편견 그리고 선입견 때문에 너무 많이 좌절하지 마세요. 내 의지를 발휘할 수 있도록 끊임없이 노력하세요. 조금 먼저 살아가고 있는 사람들이 지금도 노력 중에 있습니다. 여러분이 더 나은 사회에서 '여성과학기술인'으로 살아갈 수 있도록요. 그러니 더욱 힘내서 꼭 꿈을 이루기를 바랍니다!

토목공학은 벽돌 쌓기가 아니야

인터뷰이 손·성·연

토목공학을 전공하고, 현재 건설회사인 씨앤씨종합건설(주)의 대표로 SOC 토목건축공사, 산업환경설비공사 등의 사업을 하고 있습니다.

'대한민국 여성 토목기사 1호', '개성공단 진출 여성기업인 1호', '2014년 토목건축기술대상 건설기술인 대상 수상자'……. 이 모든 말들이 단 한 명의 여성에 대한 수식어라는 게 믿어지나요? 남성의 일 중에서도 유독 터프한 분야로 인식되며 남성의 전유물로 여겨지는 '건설업'에 몸담고 있을 뿐만 아니라, CEO로서 강소기업을 이끌고 있는 손성연 대표가 그 주인공입니다.

문과생이 토목기사가 되기까지

이런 말로 처음 이야기를 시작한다면 여러분이 어떤 힘을 얻을 수 있을지 알 수 없지만, 정말 솔직하게 대학 3년은 '겨우' 다녔습니다. 한마디로 버틴 거죠. 그럴 수밖에 없었던 게, 저는 요즘 말로 '문과 감성'을 지닌 학생이었어요. 지리를 중심으로 사회 관련 과목에 흥미가 있었고, 그래서 고등학교 1학년부터 사학을 전공하고 싶다고 생각했죠. 그런데 어쩌다 토목공학과에 진학했냐고요?

고등학교 3학년 때 1차로 지원했던 대학에서 떨어지고, 2차로 지원하거나 혹은 재수를 해야 하는 상황이었어요. 그런 때 고등학교와 같은 재단인 명지대학교 토목공학과 교수님에게서 연락이 온 거예요. 지금으로 치면 대학수학능력시험과 같은 예비고사의 성적이 좋은 편이었거든요. 당시 명지대 토목공학과에 젊은 교수님들이 계셨는데 그분들이 여성 인재를 키워 보자는 마음에서, 4년 전액 장학금과 취업까지 보장해 주겠다며 저희 아버지를 설득했죠. 직접 교수님을 만나고 온 아버지가 '기술만 있으면 굶어 죽지는 않을 거다'라며 저에게 권유했어요. 저는 한마디로 모범생 그 자체, 부모님 말씀 잘 듣는 순진한 고3 학생이었기 때문에 생소하지만 그러겠다고 했어요.

그런데 사실 아버지도 토목공학과가 뭐 하는 덴지 잘 모르셨던 것 같아요. 당시에는 본고사라는 대학별 시험이 있어서 시험을 치러 아버지와 함께 갔는데, 가서 보니까 남학생들만 가득한 거예요. 아버지도 아차 싶으셨는지 돌아오는 길에 "너 싫으면 가지 마라" 하시더라고요? 그런데 이미 되돌리기엔 너무 늦었고, 다니다 보면 어떻게든 되겠지, 라는 안일한 마음으로 그냥 입학했어요.

그런데 웬걸? 다니면 다닐수록 재미가 없는 거예요. 흥미도 없고 의욕도 없으니 당연히 공부도 안 하고 겨우겨우 학점 받을 정도로만 다니면서 놀기만 했죠. 적성에 안 맞는 건 둘째 치고 꿈이 없었던 게 가장 큰 문제였다고 생각해요. 토목공학과가 뭐 하는 곳인지도 모른 채 들어와서 뭘 이루어야겠다는 목표도 없이 그냥 시간만 때운 거잖아요?

3학년쯤 되니까 졸업하면 무얼 해야 할까, 아직 토목기사 자격증도 못 땄고 졸업해도 이도저도 아니게 될 텐데, 라는 걱정이 앞섰죠. 그래서 한번은 딱 앉아서 제 인생 계획을 세워 봤어요. 무얼 공부할지 말고 무얼 이루고 싶은지 말이에요. 처음에는 5년 단위로 잘라서 계획을 세웠어요. 스물다섯에는 무얼 할지, 서른에는 무얼 할지, 서른다섯에는 또 무얼 할지. 우선 가장 가까이에 있던 스물다섯의 목표는 대기업 취업이었어요. 집안 형편이 여유로운 편이 아니었기에 이 가난을 떨치고 멋지게 살고 싶다는 생각으로요. 그렇다면 내가 이 목표를 이루기 위해 무얼 해야 할까 생각했죠. 무얼 해야 했을까요? 뻔하죠. 여태까지 적성에 안 맞는다면서 미뤄 둔 공부도 하고 토목기사 자격증도 따고 취업 준비도 해야 했죠. 그런데 참 신기한 게, 꿈이 없이 다닐 때는 아무리 해 보려고 해도 안 되던 게 일단 목표가 생기니까 어떻게든 해야겠다는 생각이 강하게 들더라고요. "나 오늘 이거 못하면 스물다섯에 그 목표 이룰 수 없어"라고 굳이 되새기지 않아도, 목표가 계속 제 등을 밀어 줬다고 해야 할까요?

꿈이 생기니까 달라졌어요. 토목기사 시험에 무조건 붙어야 한다, 무조건 붙어서 대기업에 들어가야 한다! 그 일념 하나로 긴 머리도 짧게 싹둑 잘라 버리고 칫솔 하나 들고 동기들이 공부하는 신촌 여관방에 들어갔어요. 같은 과 남학생들이 토목기사 자격증 시험 준비한다고 합숙하던 곳이었는데, 그냥 무작정 찾아간 거예요. 당시 토목공학과 정원 45명 중 여자는 저 하나뿐이었어요. 그렇지만 3학년 2학기가 끝나 갈 무렵까지 아무 준비도 안 돼 있었는데, 어디 찬밥 더운밥 가릴 때입니까? 학점은 꾸준히 받고 있었지만, 전공이나 자격증에 대한 공부가 많이 부족했어요. 동기들에게 과외를 받으면서 죽어라 공부만 했습니다. 목표가 있으니까 되더라고요. 그렇게 4학년 8월, 토목기사 자격증 시험에 단번에 합격했습니다. 대한민국 여성 토목기사 1호가 된, 그리고 40여 년간 건설업과의 독한 인연이 시작된 출발점이죠.

가끔 여학생들을 대상으로 강연을 나가면 꼭 하는 말이 있어요. "꿈을 가져라!" 굉장히 상투적이라고 생각할 수 있는데 정말 중요해요. 이루고자 하는 목표가 없을 때는 그 무엇도 열심히 할 수 없어요. 좋은 예시일지 모르겠지만, 다이어트 할 때랑 비슷해요. 마음에 쏙 드는 옷을 한 치수 작게 사서 그 옷을 입는 것을 목표로 하라고 하잖아요? 그러면 좀 쉬워요. 더 의욕이 생겨요. 그런데 그런 목표도 없이 그냥 하려고 하면 당연히 나태해질 수밖에 없는 것 같아요.

이과 학생들이 정작 모르는 것, 자기 자신

공부도 안 하고 전공에 정도 못 붙이던 애가 덜컥 자격증 시험에 합격하니까 교수님들도 놀랐겠죠? 하루는 저에게 토목공학과를 권했던 교수님이 저를 연구실로 부르시더라고요. 그리고 물으셨죠. "너는 뭘 하고 싶니?" 그때 딱 떠오르는 건 하나였어요. '돈 많이 주는 회사에 가고 싶다.'

많은 이공계 학생들이 졸업을 하고 취직을 할지, 대학원에 진학할 것인지, 유학을 갈 것인지 등으로 많이 고민합니다. 강연을 나가면 가장 많이 받는 질문 중 하나이기도 해요. 아무래도 이공 계열은 석·박사 학위를 따는 비율이 높다 보니까요. 그런데 질문을 받고 같이 고민하다 보면 한 가지 느끼는 것이 있어요. 취업하면 이런 점이 좋고, 대학원에 가서 석사·박사를 취득하면 이런 게 좋고, 학생들이 이미 잘 알고 있다는 거예

요. 저보다 더 잘 알아요. 정보가 참 많은 시대니까요. 그런데 아이러니
하게도 자기 자신을 몰라요. 그래서 스스로 무얼 하고 싶은지를 몰라요.
취직하는 게 좋을지, 더 공부하는 게 좋을지가 아니라 그래서 내가 취직
을 하고 싶은지, 공부를 더 하고 싶은지, 아니면 적어도 뭐가 더 잘 맞는
지를 모른다는 거죠. 사실 그게 제일 중요한 건데 말이에요.

저는 그런 부분에서는 유리하지 않았나 싶어요. 솔직히 교직에 설 만
큼, 혹은 박사학위를 노려 볼 만큼 비범하지는 않았거든요. 공부를 잘하
고 열심히 하긴 했지만, 딱 그 정도였던 것 같아요. 사실 집안에서 제가
유학을 가거나 교직 준비를 하도록 서포팅할 수 있는 형편도 아니었어
요. 그래서 오히려 제가 원하는 것, 그리고 하고 싶은 것이 아주 확실했
죠. 정말 돈을 많이 주는 회사에 가고 싶다. 그런데 월급을 많이 주는 회
사란 게, 단순히 돈이 많은 회사가 아니거든요. 그만큼 인재를 알아보는
곳이라고 생각했죠. 그래서 여성이 적은 건설 분야에서 인재를 알아봐
주는 곳에 들어가 인정받으면서 돈도 잘 벌자! 이게 제가 원하던 바였습
니다.

언제나 진단이 가장 중요해요. 병원에서도 진단을 잘 내려야 제대로
된 치료와 처방이 가능하잖아요? 인생도 마찬가지입니다. 외부 정보가
아무리 많아도 나에 대한 진단과 앎이 제대로 이루어지지 않은 상태에
서는 절대로 제대로 된 처방을 내릴 수 없어요. 그래서 내가 어떤 사람
이냐에 대해 많이 고민해야 해요. 무엇을 잘하는 사람인지, 무엇을 할 수
있는 사람인지, 무엇을 하고 싶은 사람인지 말이에요.

청소년기에는 그걸 찾기가 어려울 수도 있어요. 그럴 때 쓰면 좋은 방법을 알려 줄게요. A4 용지를 딱 놓고 한 장에는 내 장점을, 다른 한 장에는 내 단점을 쫙 써 보는 거예요. 종이를 가득 채우고 가만히 읽어 보면 내가 어떤 사람인지 조금씩 보이기 시작할 거예요. 만약 그래도 감이 오지 않는다면, 그땐 그 종이를 들고 부모님이나 신뢰하는 사람을 찾아가 보세요. 나만큼 나한테 관심이 많은 사람이 바로 부모님이에요. 저 역시 제 아이들한테 그랬고, 심지어 제 손주들에게도 그러는걸요? 나에게 지대한 관심이 있는 상대와 같이 이야기를 나누면 나한테 맞는 옷이 어떤 것인지 알 수 있을 거예요. 그렇게 나에 대한 진단을 하고 나면 의외로 처방은 어렵지 않다는 것도 알게 될 거고요.

여기도 차별 대우를 하나요?

제가 꿈꾸던 대로 당시 월급 수준이 가장 높았던 대기업의 구조부_{구조물의 설계와 설계 감리 등을 수행하는 부서}에 입사를 하게 됐습니다. 입사를 하고 보니 마치 토목공학과 시험을 볼 때처럼 남자들만 가득했고, 여성 직원은 저 혼자였죠. 그런데 사람이 적응의 동물이라고, 대학 4년간 이미 그런 환경에 있었던 터라 새삼스럽지도 않았죠. 오히려 더 당차게 다닌 것 같아요. 꿈을 이뤘다는 생각에 즐거웠고, 다음으로 계획한 꿈을 위해 한 단계 나아간 것 같아서 재미도 있었고요. 첫 월급을 받을 때까지는 말이죠.

당시 구조부에 신입 사원이 7명이었는데, 다른 동기들과 제 월급이 3만 원가량 차이가 나는 거예요. 지금에야 3만 원이 대수롭지 않게 느껴질 수 있지만 당시로서는 꽤 큰돈입니다. 하지만 사실 금액이 중요한 게 아니었어요. 잘못 나온 줄 알고 인사과에 가서 물어보니까 같은 신입 사원이라고 하더라도 남자는 4급부터 시작되고 여자는 6급부터 시작된다고 하더라고요. 게다가 승진에도 차이가 있다는 거예요. 그때 그 억울함과 서러움은 이루 표현할 수가 없습니다. 똑같은 시험을 보고 합격해서 당당하게 입사했는데, 어떻게 이렇게 다른 대우를 할 수 있는 거지? 이것이야말로 차별이라 생각되고 너무 화가 났죠.

이후에 다른 기업의 채용 공고가 떠서 그곳에 입사지원서를 내고 면접을 보게 됐어요. 그때 면접이 끝나고 조용히 손을 들었죠.

"저도 하나만 여쭤 보겠습니다. 남자랑 여자랑 차별 대우를 하나요?"

그랬더니 면접관들이 당황한 얼굴로 왜 그런 걸 묻냐고 하더라고요.

"함께 시험을 보고 면접을 보고 정당하게 입사한 거라면, 월급을 얼마를 받든, 똑같이 일하고 똑같은 대우를 받고 싶습니다."

결국 남성·여성 차별 없이 대우하겠다는 약속을 받고 입사했어요. 당시 면접관들이 저를 두고 독특한 녀석이라고, 뭐가 되도 될 거라고 이야기했다는 것을 나중에 들어서 알게 됐죠. 좋게 평가해 주신 건데, 물론 제가 입사를 하고 남자들과 똑같이 일하지 않았다면 그런 평가를 받지 못했을 거라 생각해요. 실제로 전 정말 입사 후에 걸어 다닌 적이 없다고 할 정도로 열심히 뛰었어요. 다시는 그런 편견과 선입견 때문에 억울한 일을 당하고 싶지 않았거든요.

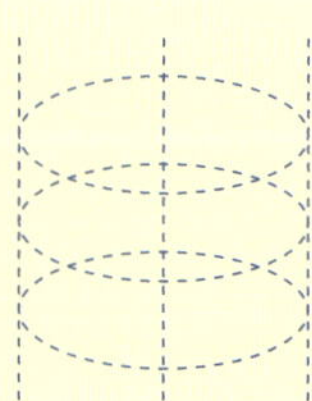

▲ 건설 현장에서 직접 지휘·감독하는 손성연 대표

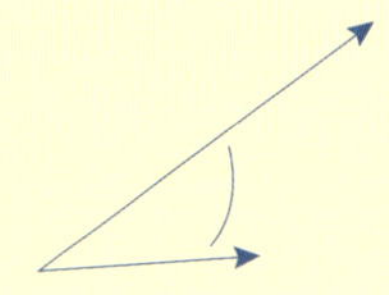

토목공학은 집 짓기가 아니다?

'토목공학'이라고 하면 흔히 건축물을 설계하고 시공하는 정도로 생각합니다. 더 단순하게는 '건물을 짓는 것'으로만 생각하기도 하죠. 저 역시 토목공학에 대한 이해가 없을 때, 그러니까 토목공학과에 진학하기 전까지만 하더라도 단순히 아파트 같은 건물을 만드는 학과 정도로만 인식했고요.

하지만 토목공학은 그렇게 단순한 집 짓기가 아니에요. 토목공학은 인류 문화 그리고 과학 기술의 발전과 함께 진보할 뿐만 아니라, 더 다양한 분야와 접목하여 더 많은 역할을 수행하는 분야입니다. 아마 토목공학의 시작은 건물을 만드는 것이었겠죠. 추위, 비, 눈 등의 자연현상으로부터 인간을 보호할 수 있는 삶의 터전을 만드는 것 말입니다. 하지만 앞서 말한 것처럼 문명의 발달과 함께 토목공학 역시 점점 그 활용 범위를 넓혀 가게 됐습니다. 교통수단이 생겨나고 먼 거리를 이동하는 것이 가능해지면서 도로, 터널, 철도 등 교통과 관련된 사회 기반 시설물을 만들게 된 것처럼 말입니다.

이 책을 읽는 여러분이 지금 이 순간 집에 있을지, 등하교를 하는 지하철에 있을지, 학교 교실 아니면 도서관에 있을지 모르겠지만, 그 모든 공간과 시설에는 분명 토목공학자의 손길이 닿아 있답니다. 물을 공급하고 처리하는 상하수도 시설, 환경에 대한 인류의 관심이 점점 높아지면서 대체에너지의 사용을 위해 생겨나는 태양광발전소, 풍력발전소 등을 기획하고 시공하는 데에도 토목기술인들의 힘이 필요합니다. 에너지의 낭비를 줄이고 신재생에너지를 사용하기 위해 설계한 '제로에너지 빌딩' 또한 토목공학 기술과 함께 만들어집니다.

이렇게 우리가 의식하지 못할 뿐, 토목기술은 항상 우리 생활 속에 녹아 있습니다. 이뿐만 아니라 최근에는 해저 도시, 우주 도시 건설과 같은 미래 도시를 설계하기 위한 연구도 이루어지고 있습니다. 이처럼 토목공학은 단순한 건축업이 아니라, 첨단기술의 발전과 발맞춰 변화하고 그 진출 분야가 무궁무진해지는 분야입니다.

토목공학의 가장 기본적인 목표는 자연 재해로부터 인류를 보호하고, 보다 쾌적하고 편리한 도시 인프라를 구축하는 것입니다. 인간을 위한 도시 개발이 가장 큰 지향점인 토목공학과는 인류가 유지되는 한 계속적으로 필요한 분야일 수밖에 없겠죠?

가장 거칠지만 동시에 가장 섬세한 공학 분야

그래도 토목공학은 거칠게만 느껴진다고요? 네, 맞습니다. 여러분에게 꿈과 희망을 주기 위해서는 아니라고 하는 것이 맞겠지만, 사실 토목공학과 건설업계는 여러분이 예상하는 것만큼 '터프한' 분야가 맞습니다. 저도 처음 일을 시작했을 때, 건설 현장이 너무도 냉혹하다고 느껴졌죠.

공사 현장에서 제일 많이 볼 수 있는 문구는 뭘까요? 바로 '안전제일'

일 겁니다. 그럴 수밖에 없는 것이 건설 현장에서는 발 하나 헛딛는 것도 큰 사고로 이어질 수 있기 때문이죠. 그러다 보니 낯선 여성 담당자가 현장에 있는 것을 좋아하지 않습니다. "아침부터 여자가 와서 재수가 없다"라는 말을 정말 수도 없이 들었어요.

억울하지 않았냐고요? 사실 여성 작업자를 반기지 않는 게 단지 편견이나 선입견만은 아니었기에 마냥 서러워할 수도 없었죠. 여성으로서 체력적으로 뒤처진다는 것을 책이나 이론에서가 아닌 실제 경험으로 깨달아야 했으니까요. 겨울은 추위 때문에, 여름은 더위 때문에 정말 고난의 연속입니다. 여름에 건설 현장에서 쓰러지기 직전까지 소금물을 먹으며 버틴 게 한두 번이 아니에요.

어디서든 '안전' 강조 문구를 볼 수 있는 건설 현장

하지만 체력적으로 불리한 것을 감안하더라도 설계와 토목 분야는 여성의 힘이 전적으로 필요한 현장입니다. 거친 분야라는 말을 여성의 경쟁력이 없다는 뜻으로 받아들여서는 안 됩니다. 오히려 위험한 만큼, 여성의 섬세함을 토대로 기획 단계부터 시공, 유지 관리까지 꼼꼼하게 살펴야 합니다. 사소한 계산 실수나 순간의 판단 실수가 안전을 위협하는 것이 바로 토목공학이니까요. 쉽게 지나칠 수 있는 사소한 부분까지 절대 놓쳐서는 안 되는 건설 분야야말로 어쩌면 그 어떤 공학 직업보다도 더 꼼꼼함과 섬세함을 필요로 한다고 생각합니다. 정해진 규칙과 신의를 기초로 해야 위험에 노출된 건설 현장에서도 정도를 걸을 수 있어요.

저 건물 내가 만들었어!

사실 건설업계에 뿌리를 내리기로 결심하고 나서, 차별과 편견보다 더 견디기 어려웠던 건 자연과의 처절한 싸움이었습니다. 토목공학과 건설 분야는 감히 예측할 수 없는 자연과의 싸움 그 자체입니다. 시공에 들어가기 전 기획 단계에서 아주 치밀하게 계획을 짜 놓는다 하더라도 갑작스런 소나기 한 번으로 계획이 변경되곤 하는 것이 건설업입니다. 오늘 맑다가도 내일 갑자기 예고 없이 비가 쏟아지면 그대로 공사를 중단해야 합니다. 비가 그친다고 바로 다시 일을 시작할 수 있는 것도 아니죠. 비가 오면 지반 상태가 달라져 버리니까요. 어제까지만 해도 멀쩡하게 들어가던 장비나 지반을 견고하게 해 줄 '레미콘 차' 한 대도 들어가기 힘들어져요. 그럴 때마다 자연의 위대함과 함께 인간은 절대 자연을 이길 수 없다는 진리를 깨닫곤 하죠.

2004년쯤이었을 거예요. 서울 중랑구에 있는 태능시장 재건축 공사를 진행한 적이 있습니다. 전통 재래시장이 있던 자리에 지하 3층, 지상 15층 규모의 주상복합건물을 세우기 위해 지하 터 파기 작업을 하고 있을 때였죠. 안 그래도 힘든 고난도의 공사였는데, 갑자기 기록적인 폭우까지 내렸어요. 당연히 지반이 약해지고 옆 건물이 밀려 내려오는 거예요. 저희 입장에서는 국가 비상사태였죠. 비는 그칠 생각을 안 하고 지반은 계속 무너지고, 크랙_{균열}이 계속 생기고. 그때 정말이지 비 좀 제발 그치게 해 달라고 기도하는 것 말고는 할 수 있는 게 없어서 자연의 위대함을 실감했답니다.

앞뒤가 안 맞게 들릴 수도 있지만, 그만큼 거기에서 얻는 뿌듯함도 큰 것 같아요. 태능시장 재건축 공사에서 난관에 부딪혔을 때 원로기술자들의 자문을 받아 도면과 상관없이 돌관공사_{장비와 인원을 집중적으로 투입하여 빠르게 완료하는 공사}를 수행해 주변 붕괴를 막았어요. 결국 단 한 번의 사고나 다치는 사람 없이 공사를 안전하게 마무리했답니다. 그 뿌듯함은 정말 말로 표현할 수 없어요.

준공_{공사를 다 마침}하는 날 도면대로, 계획대로 튼튼하게 잘 만들어진 건물이나 교량을 보면 정말 가슴이 먹먹하고 뭉클해요. 무엇보다 토목공학자가 설계하는 구조물은 수명이 최소 50년이거든요. 차를 타고 가다가도 보게 되고, 영화나 드라마를 보다가도 발견하게 되잖아요. 그때 '저거 내가 만들었어, 우리 회사가 한 거야'라고 말하고 싶은 보람은 정말 느껴 본 사람만 알 수 있어요. 아마 그것도 토목공학이나 건설 분야의 매력이 아닐까 싶네요.

여성으로서 건설업 CEO가 된다는 것

처음 입사한 대기업에서 차별 대우를 받은 후, 마흔이 되면 무조건 남자 밑에서 일하지 말자, 혹은 남자와 차별 대우를 받을 만한 상황에서 절대 일하지 말자고 결심했습니다. 지금은 많이 나아졌지만 당시만해도 대놓고 남녀 차별을 했으니까, 결국엔 내 것을 해야겠다고 생각한 거죠.

창업을 하고 정말 많은 것이 달라졌습니다. 직장인이었을 때, 그러니까 엔지니어일 때는 기술 부분에 역점을 두었지만, 회사 설립 후에는 공사 수주_{주문을 받는 일}에 역점을 두게 됐죠. 이제 토목기사 또는 공학자에서 한 회사의 대표가 된 거잖아요? 회사 경영을 하고 살림을 꾸려야 하는 거예요. 그런데 건설 분야의 살림이 정말 어려워요. 쉬운 일이란 게 없겠지만, 특히 건설업은 일정한 고객이 없어요. 사업을 받을 때마다 발주처가 다르고, 제품도 매번 달라요. 이해가 되나요? 제약회사를 예로 들어 볼게요. 제약회사에서 새로운 약을 연구·개발해서 제품을 출시하면, 계약한 병원 그러니까 일정한 고객한테 일정한 제품을 납품하게 되잖아요? 그런데 건설 분야는 그렇지가 않은 거예요. 한 사람이 평생에 집 한 채 지어 볼까 말까잖아요. 게다가 제품도 매번 다를 수밖에 없는 게, 이웃하고 똑같은 집을 만들어 준다고 하면 누가 저희한테 일을 주겠어요? 한두 푼인 것도 아니고 한번 지으면 다시 무너뜨릴 수도 없는데. 이게 정말 큰

스트레스고 힘든 점이에요.

하지만 물론 장점도 있어요. 직장인일 때는 내가 성과를 내야만 내 성과잖아요? 그런데 CEO가 되면 내 조직이 움직여 만든 성과도 곧 제 성과고 우리 회사 성과예요. 지금 제가 이런 이야기를 하는 중에도 내 지휘하에 있는 현장들은 바쁘게 굴러가고 있고, 성과는 계속 만들어지고 있어요. 정말 매력적인 일이죠. 대신 그만큼 회사에서 발생하는 손실도 CEO의 몫이라는 것을 잊어서는 안 돼요. 대표라는 직책에는 그만큼 책임감이 따른다고 생각해요. 회사를 위해 일해 주는 직원들에게 그리고 우리를 믿고 일해 주는 협력 업체에게 비전을 줘야 해요.

그렇다면 어떤 사람이 CEO가 될 수 있을까요? 사실 정해진 답은 없는 것 같아요. CEO가 가져야 할 필수 조건 같은 것들을 많은 자기계발서에서 소개해 주고 있는데, 그 조건을 찾아서 자기를 거기에 맞출 게 아니라, 우선 본인이 창업을 해서, 그리고 CEO가 돼서 행복할 수 있는 사람인지를 먼저 보는 게 중요할 것 같아요. 내가 CEO에 맞는 사람인가? 생각해 보기를 추천해요. 저는 열정이 넘치는 타입이에요. 한번 건설업의 매력을 느낀 후로는 정말 나는 DNA까지 건설인이라고 말할 정도로요. 그래서 잘 선택한 것 같아요. 처음 다니던 대기업에 사표를 낼 때는 부모님한테 구박도 많이 받았는데 지금은 이렇게 말할 수 있어요.

"제 동기들은 다 정년퇴직했어요, 지금 저만 일하고 있어요!"

저처럼 한 기업을 책임지는 것보다는 기술을 개발하고 연구하는 작업이 즐겁다면 연구원으로 계속 R&D 연구·개발 하는 게 더 행복할 거예요. 연구원으로 지내다가 이제 후배를 기르는 데 더 힘을 쓰고 싶다면 교직에 서는 것도 좋겠죠. 무엇이 자신에게 맞는 옷인지 잘 생각해야만 해요. 그 점을 거듭 강조하고 싶습니다.

학력보다 경력, 그리고 실력!

토목공학자가 되겠다는 목표는 조금 애매한 것 같습니다. 요즘은 직업이 세분화되어 있기 때문에 토목공학과는 전공 중 하나이고 토목기사 역시 자격증 중 하나일 뿐이거든요. 그러니 조금 더 구체적으로 무엇을 하고 싶은지에 대한 고민이 필요하다고 생각합니다. 회사에 다니면서 설계나 시공 현장을 직접 관리·감독하며 일하고 싶은지, 교수가 돼서 후학을 양성하고 싶은지 등, 토목공학을 전공하더라도 구체적으로 꿈을 정할 필요가 있습니다. 구체적으로 꿈이 정해진다면 졸업 후 취직을 할 것인지, 대학원을 갈 것인지 또는 유학을 갈 것인지 등도 자연스럽게 결정될 것입니다.

기술을 연구·개발하는 연구원으로 있거나 교직에 서는 것이 아니라, 회사에 취직을 해서 현장에서 일하고 싶다면 저는 해당 전공의 학사^{대학교} 학위만으로도 충분하다고 생각합니다. 실무는 학교에서 배운 것을 기반으로 실제로 경험해서 새로운 것을 얻게 되는 것이라고 생각해요. 전공 서적이나 이론만으로는 배울 수 없고 현장에서 부딪히면서 얻어야 하는 것들이 분명히 있습니다. 특히 토목공학과 건설 분야는 다른 어떤 공학 분야보다도 매일같이 새로운 상황과 새로운 산에 부딪히는 현장이니까요. 그래서 학력 못지않게 중요한 것이 경력입니다. 저부터도 학사 학위만 가지고 있을뿐더러, 우리 회사의 엔지니어를 채용할 때도 학력보다는 경력과 실력을 중요시합니다. 학력은 그저 전공에 대한 기본 자질일 뿐이고, 학사만으로 충분히 그 기본 자질은 충족시켰다고 생각하는 것이죠.

물론 입사하고 싶은 회사마다 조건이 다르고 개인의 성향에 따라 더 공부하고 싶은 욕심이 있을 수 있으니, 석사 이상의 학위 역시 충분히 장점이 될 수 있다고 생각합니다. 다만 남들이 대학원을 졸업한다고, 또는 유학을 다녀온다고 초조해져서 자신의 미래와 크게 연관되어 있지도 않은 공부를 계속할 필요는 없다는 것입니다. 자신의 꿈과 미래를 기준으로 모든 선택을 하기를 간절히 바랍니다.

약점을 강점으로 상쇄하는 법

입사 2년 차, 보통이라면 현장에서 한창 일에 재미를 붙이고 성장하고 있을 때쯤 저는 직장을 그만두었습니다. 결혼하고 첫아이를 임신했기 때문이죠. 흔히 말하는 '경력 단절'이 온 거예요. 실질적으로 회사에서 일한 연차는 2년밖에 되지 않았고, 경력 단절의 기간은 10년 가까이 됐죠. 나이에 비해 현장 경험은 턱없이 부족하고 체력도 한창 일을 할 때보다 월등히 떨어졌어요. 꼭 저처럼 극단적인 경력 단절이 아니더라도 많은 학생들이 자신이 가진 어떤 약점 때문에 망설일 수 있다고 생각합니다. 여성이기에 다른 남자 직원보다 체력적으로 부족한 점, 다른 학생들보다 좋은 대학을 졸업하지 못한 점, 졸업까지 시간이 오래 걸려서 나이가 많다거나 현장감이 부족한 점 등이요. 그런데 그럴 때 포기하거나 망설이지 말고 자신의 강점으로 부족한 점을 메꾸려고 노력하기를 바랍니다.

저는 전업주부로 지내면서도 일에 대한 미련이 많았고, 재취업을 하겠다는 마음으로 항상 전공 서적을 보며 감각을 잃지 않으려고 노력했습니다. 하지만 막상 건설 현장에 가면 저보다 어리면서 경력은 더 많은 친구들이 수두룩했죠. 그래서 포기했냐고요? 아니오. 내가 노력해서 저 친구들보다 잘할 수 있는 게 뭘까 고민했습니다. 노력으로는 조금 어려운 체력적인 면이나 현장 경력 같은 것 외에, 내가 열심히만 한다면 저 친구들보다 잘할 수 있는 게 무엇일지요. 그래서 쉬는 시간이나 퇴근 후에도 건설산업기본법, 건설기술진흥법 같은 법률을 계속 공부했어요. 노무 제도나 주택법도 수시로 바뀌는데, 그런 것들을 빠르게 숙지해서 조금 뒤처지는 실력이나 경력을 커버할 수 있는 방법을 찾은 거죠.

꼭 법률을 공부하는 것이 아니더라도, 평소에 패션이나 디자인에 관심이 많은 것 역시 토목공학에서는 강점이 될 수가 있어요. 건설 분야에서 단순히 더 크고 더 튼튼하게 쌓아 올리면 됐던 시대는 이미 끝났습니다. 토목공학은 단순히 벽돌 쌓기가 아닙니다. 이제 사람들은 더 튼튼하면서도 더 아름답게 만들어진 구조물을 원합니다. 이동을 위해 만들어진 교량조차 '세계에서 가장 아름다운 다리'라며 명소로 인정받는 시대입니다. 우리나라만 해도 한강에 있는 여러 교량들이 모두 다른 모양을

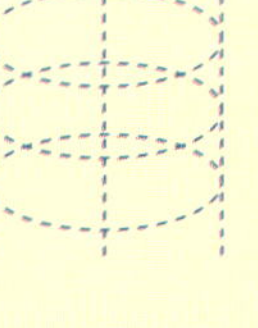

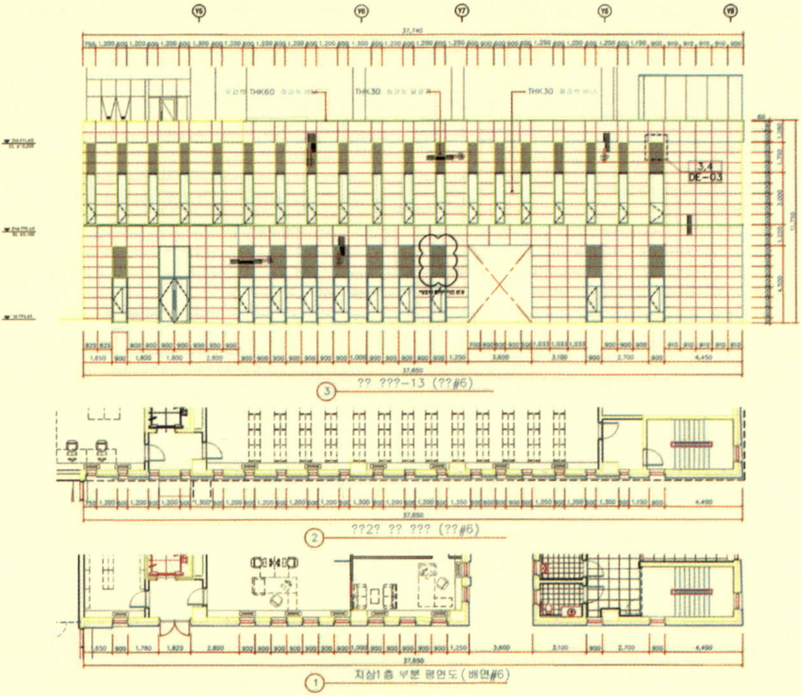

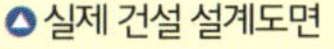

실제 건설 설계도면

하고 있어요. 매일 보아야 하고 오랜 시간 머물러 있어야 하는 건축물들은 더 그렇겠죠.

물론 설계 전문가와 시공 전문가는 따로 있습니다. 발주처, 그러니까 설계 기획을 하고 도면을 작업해서 우리에게 전달한 업체가 있죠. 그럼 우리는 그 설계도면을 받아서 시공 작업을 하는 건데, 사실 설계와 시공에는 큰 차이가 있어요. 설계 단계에서는 보이지 않던 것들, 혹은 괜찮을 것이라 생각했던 것들이 막상 시공을 해 보면 본능적으로 아니라고 판단될 때가 있단 말이죠. 그런 것들에 항상 촉을 세우고 디자인 감각을 발휘하는 것도 결국에는 다 실력인 거죠. 그리고 이런 감각은 아무래도 여성이 조금 더 나아요. 저는 그렇게 생각해요.

이렇게 작은 것들까지 성별의 차이가 분명 영향을 끼치지만, 도리어 그렇기 때문에 단점만 생각하고 망설일 것이 아니라 강점을 생각하고 더 당당하게 도전하는 자세가 필요하지 않을까요?

미래의 후배들에게 한마디

정말 마음 아픈 일인데……. 제가 처음 대학교에 강연을 나가게 된 이유가 토목공학과에서 여학생들 이탈이 너무 많아서였어요. 토목공학과에 진학한 여학생들이 한두 학기 수강하고는 잘못 들어왔다고 판단을 하고 전과를 하거나 편입을 준비한다는 거예요. 그래서 교수님들에게서 연락이 왔어요. 여학생들을 대상으로, 강의는 아니더라도 간담회식으로 이야기도 좀 해 주고 질의응답도 해 달라고요. 그렇게 나가게 된 것이 제

첫 특강이었어요. 그 후로는 토목공학과 후배들을 대상으로 한 강의 요청은 웬만해선 거절하지 않는 편이에요.

토목공학은 앞으로 첨단기술이 접목되고 다른 공학 분야와 융합되어 발전 가능성이 높은 산업입니다. 그러기 위해서는 저 같은 토목공학 분야 종사자 입장에서도 아이디어와 열정이 넘치는 새로운 인재들이 많이 필요하고, 진로를 선택하는 학생들 입장에서도 충분히 도전해 볼 만한 산업이죠.

많은 토목공학과 여학생들을 만나 보았고, 저 역시 지금보다 더 여성 인력에 냉정하던 시절부터 건설 분야에 종사해 왔기 때문에, 토목공학을 전공으로 선택하기를 망설이는 마음을 충분히 이해합니다. 하지만 어쩌면 여성이라는 테두리 안에 스스로를 가두고 있는 것은 아닐까요? 토목공학이 다른 공학 분야보다 거친 면이 있는 것은 사실입니다. 하지만 그것이 토목공학의 전부가 아니라는 것을 꼭 알아주었으면 좋겠습니다. 토목공학은 더 이상 남성의 전유물이 아니고, 여성이라고 성공할 수 없는 분야가 아닙니다. 오히려 여성 특유의 감성과 섬세함을 필요로 하고 있죠. 여성의 정직과 부드러운 리더십이 무기가 되어 충분히 여성 토목인이 토목 분야에서 두각을 나타내고 정상에 설 수 있을 것이라고 생각합니다.

토목공학과 건축, 건설 등에 관심이 있다면 편견에 주춤하지 말고, 선입견을 깨고, 당당하게 도전하기를 바랍니다. 용기를 낸다면, 이 거친 시장도 얼마든지 재패할 수 있을 거라 생각합니다.

3 융합공학이 만들어 가는 스마트 라이프

생활 가전 연구원

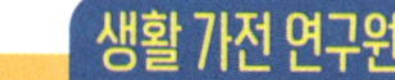

인터뷰이 조·혜·정

화학공학과를 전공하고, 현재 삼성전자 생활가전사업부에서 차세대 스마트 빌딩을 위한 IoT 제품과 솔루션 개발을 통해 신사업을 수행하고 있다.

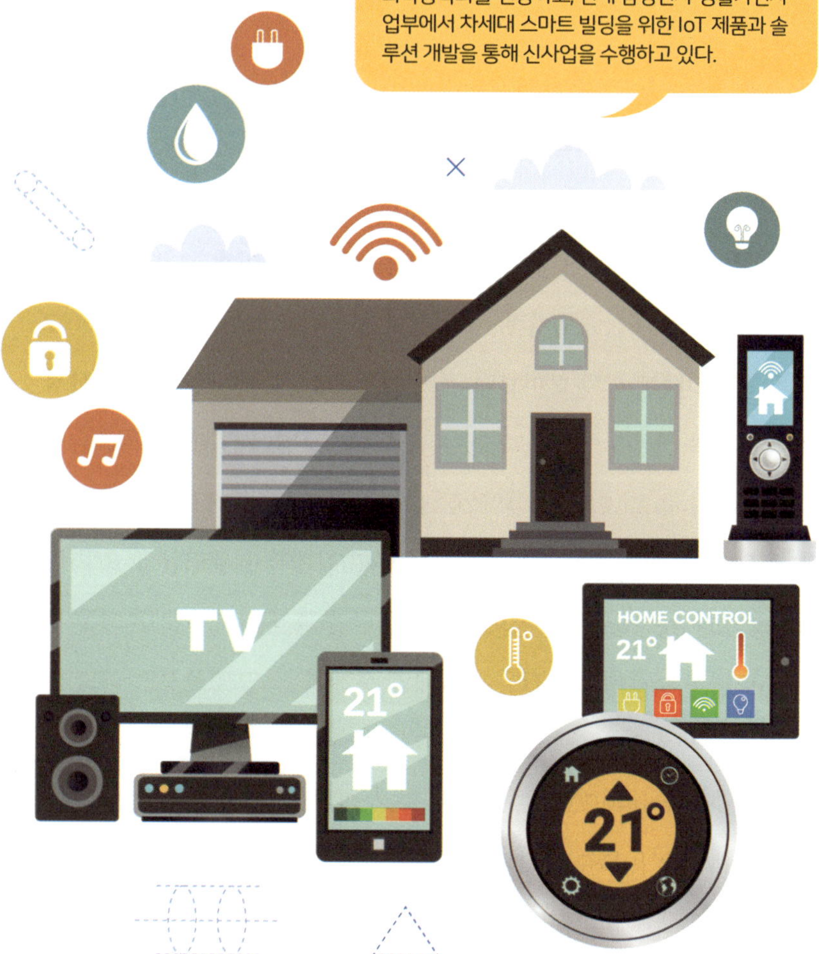

공학 계열로 진학하는 여학생의 수가 증가하고 과학기술 연구·개발 인력의 정규직 신규 채용에서 여성 비율 역시 지난 10년간 꾸준히 상승세를 보이고 있습니다. 하지만 보이지 않는 '유리 천장'_{직장에서 성차별이나 인종차별 등으로 인해 고위직을 맡지 못하는 상황을 비유하는 말}은 여전히 존재하죠. 여성 임원이 가장 많은 상장 법인이라는 삼성전자의 여성 임원 비율은 고작 5.2%_{2019년 1분기}에 불과합니다. 100명 중에 6명도 채 되지 않는 비율로 그 견고한 유리 천장을 부쉈다는 여성 공학자의 이야기를 들어 볼까요?

자신을 들여다보고 질문을 찾기

제가 중·고등학교를 졸업하고 대학 전공을 선택하던 시절에는, 수학과 과학에 흥미가 있던 여학생 대부분이 이학 계열로 진학했어요. 남성의 분야라고 생각되었던 공학 계열로 진학하는 일은 매우 드물었습니다. 그 분야에서 사회적으로 성공하여 알려진 여성 리더들도 거의 없었을 뿐 아니라, 주위에 공학을 전공하는 여자 선배조차 보지 못했으니까요. 그런 상황이었지만, 저는 대학에서 배운 것들을 직접 산업 현장에 적용하여 응용하면서 실제 결과물을 얻고 그것을 통해 사회에 기여하는 일이 재미있겠다고 생각했습니다. 그러면서 제 창의적인 생각과 실행력도 커지고 그 속에서 제가 행복할 수 있으리라 생각했던 거죠.

화학공학을 선택했을 때 부모님은 물론이고 주변에서도, 남성 위주의 산업 분야에 뛰어들면 공부하는 것도 어렵고 취직도 경쟁이 심할 텐데 괜찮겠느냐는 질문을 많이 했습니다. 그때 저는 망설임이나 걱정보다는 도전해 보고 싶다는 생각이 더 컸습니다. 오히려 여중·여고를 졸업해 주로 여학생들과 부딪치고 생활했기 때문에, 앞으로 다양한 남성들과 어울려 공부하고 경쟁하면서 저에 대해 더 알아 가고 발전시키고 싶다는 욕심이 있었던 겁니다. 과연 남성 위주의 사회, 산업 분야에서도 내가 꿋꿋이 버티면서 하고 싶은 공부와 일을 잘 해낼 수 있을까 궁금했달까요.

'유리 천장을 부순 여성 공학자'로서 인터뷰에 임할 때면 이런 생각이 들어요. 만약 남성 위주의 분야에 진출하는 것을 만류하는 사회적 분위기나 학교 성적에 맞추어 대학과 전공을 선택했더라면 어땠을까? 대학 생활이나 사회에 진출하여 겪게 되는 다양하고 수많은 난관과 어려움에 부딪혔을 때 제 선택을 후회할 수도 있었을 것이고, 어려움을 이겨 내고 해결하려는 시도와 노력들을 끊임없이 하기 어려웠을 거예요.

그래서 저는 멘토링을 할 때 멘티들에게 이렇게 조언하곤 합니다. 내가 무엇을 할 수 있을까 고민하기보다 나는 어떤 일을 할 때 가장 행복하고 보람을 느끼는지 먼저 깊게 생각해 보자고요. 자신은 어떤 사람인가를 다양한 각도에서 살펴보면서 자신만의 색깔을 찾아내는 것은 젊은 시절에 꼭 한번 해 보아야 하는 일이라고 생각합니다. 그래야 자신에게 잘 맞는 꿈과 목표, 그리고 그것들을 이루어 내기 위한 인생 설계도 자연스럽게 할 수 있습니다.

제 아이들이 학과를 선택할 때에도 졸업 후 가질 수 있는 직업들에 대해 이야기를 해 주곤 했지만, 가장 중요하게는 자신에게 잘 맞는 분야인지 스스로 고민해 보도록 했습니다. 물론 분야에 대한 매우 구체적인 정보가 제한적일 수는 있겠죠. 하지만 그렇게 해 보겠다고 일단 마음을 먹으면 인터넷이나 주변 지인, 선배들을 찾아 궁금한 점들을 알아 가려는 노력을 하게 되고, 그 과정에서 이미 많은 것들을 배워 나가게 될 거에요. 제 아이도 그런 과정을 거쳐서 성적에 맞춘 학교가 아니라 자신이 원하는 학과를 우선하여 대학을 선택했고, 지금은 대학원에 진학하여 하고 싶은 분야의 연구를 하고 있습니다.

지금 무엇을 더 공부해야 할지, 어떤 학과를 선택해야 좋을지 미래를 설계 중이라면, 우선 자신을 들여다보면서 궁금한 것들을 끌어내 보고, 이에 대한 해답을 주변에서 적극적으로 찾아보는 건 어떨까요?

멘토는 가까이에 있다

제가 화학공학을 전공으로 선택하게 된 건, 화학과 수학을 다른 과목보다 좋아했고, 실제 현실에 기술을 응용하는 데 관심이 많아서이기도 했어요. 그렇지만 가장 크게 도움이 되었던 것은 당시 전자공학을 공부하던 사촌 오빠의 컨설팅이었어요.

당시는 인터넷을 통한 정보 공유가 아예 없던 시절이었거든요. 공과대학에 가기로 결심하고 구체적인 학과를 선택하기 전에 사촌 오빠를 찾아가 상담했죠. 제가 관심 있는 것, 사회에 나가 하고 싶은 것, 저와는 잘 맞지 않는다고 생각되는 것들에 대해 이야기하면서, 제 성격이나 성향에 더 잘 맞을 것 같은 학과는 무엇일까 함께 찾아내는 시간을 가졌습니다. 일종의 진학 멘토링을 받았던 셈이죠.

덕분에 저는 공학이라는 학문이 매우 광범위하고 유연성이 있어서 분야 간 융합과 응용이 활발하다는 걸 어렴풋하게나마 알게 됐어요. 그만큼 직업이 다양하게 분포한다는 것도요. 화학공학을 선택한 이유 중 하나도, 산업에서 가장 기본이 되면서도 응용기술이 다양하고 폭이 넓기 때문에 나중에 제가 어떤 분야와 잘 맞을지 찾고 도전하거나 직업을 고려할 때 선택지가 많을 것 같다는 점이었습니다.

제가 10대 시절에 학과를 선택할 때 사촌 오빠가 정말 좋은 멘토가 되어 주었듯이, 살아가다 보면 끊임없는 변화와 선택의 순간에서 도움을 줄 수 있는 사람들과 함께하는 일이 매우 중요합니다. 그런 멘토를 어떻게 찾아야 할까요? 아마도 여러분에게는 그것부터 어려운 일이라고 생각될 수도 있습니다. 그런데 제 경우를 생각해 보면 멘토는 평소에 주변에서 같이 공부하고 일하는 사람들 속에 있더라고요. 제가 먼저 다가가 어려움이나 고민을 허심탄회하게 이야기하면서 자연스럽게 그들의 경험이나 생각을 공유하게 되어, 결정을 내리거나 행동하는 데 도움을 받았다고 생각합니다.

나에 대해서 좀 더 객관적으로 봐 줄 수 있는 사람, 비슷한 어려움을 가지고 있었으나 먼저 결단하여 실행에 옮겨 헤쳐 나가 본 경험이 있는 사람을 찾아 고민을 이야기하면서, 내가 어떤 문제로 힘들고, 어떻게 이 것을 해결하고 싶은지, 이것을 통해 어떻게 발전할 수 있을지를 스스로 찾아갈 수 있을 겁니다.

사회가 빠르게 변화하고 발전하면서 정보가 쏟아지는 시대이지만, 그 속에서 자신의 갈 길과 방향을 찾는 데 도움이 되는 맞춤형 정보들을 찾 기란 그리 쉬운 일은 아니죠. 많은 학생들이 멘토를 찾아 다양한 멘토링 프로그램에 참여하는 것도 그 때문일 겁니다. 여러분이 어떤 경로를 통 해서든 멘토를 만나게 된다면, 일회성이 아니라 꾸준히 서로 연결되는 만남이 되도록 노력해 보는 것도 좋습니다. 제가 멘토로 참여했던 멘토 링 프로그램에서 만난 많은 멘티들도 1~2년 뒤까지 꾸준히 저와 연락하 고 만나면서 자신들의 길을 찾아 만들어 가는 것을 보게 됩니다. 역시 그 렇게 시간을 내어 노력하는 친구들은 결실을 거두게 되더라고요.

여자는 교직이 안정적이지

저는 미국에서 박사 후 연구원으로 생활하다가, 우리나라에 돌아와서 는 대학교 강사 일을 했습니다. 대학 선배가 여성은 기업 연구원보다는 교직이 안정적이고, 더 오래 하고 싶은 분야에 매진할 수 있다고 추천해 준 덕분이죠. 그 당시 강의하면서 알고 있는 것을 서로 공유하고, 같은 분야에 관심이 있는 학생들에게 배움을 통해 하고 싶은 것을 만들어 주 고, 노력할 수 있는 동기부여를 해 주는 일이 즐거웠습니다.

그렇게 강의한 지 1년이 되어 가던 때에, 삼성종합기술원에서 제가 연구하고 강의하는 분야에 대해 세미나 요청이 왔습니다. 저는 기업 연구소 연구원들과 만날 수 있는 기회라 생각하고 흔쾌히 수락했고, 세미나에 참석해 기술의 실제 산업 응용이라는 차원에서 심도 있는 토론을 했죠. 나중에 알았지만 그 세미나가 실은 채용을 위한 기술 면접이었어요. 세미나가 끝나고 1주일쯤 뒤에 회사에서 채용을 하고 싶다는 연락을 받았거든요.

입사 제안에 대해 고민하면서, 대학교 학과를 선택하던 당시의 제 자신을 떠올려 봤습니다. 제가 연구한 기술이 실생활에 응용이 되고 제품화가 되어 세상과 사람들에게 유익함을 줄 수 있는 일을 하고 싶다던 그 생각을 다시 하게 된 거죠. 마침 그때 회사에서는 칩 쿨링, 바이오칩 등과 같이 제가 세부적으로 전공한 '전산 유체 역학'이 많이 활용될 수 있는 과제들을 중점적으로 진행하고 있었어요. 그리고 세미나 때 토론하면서 연구원들의 열정에 찬 에너지를 느꼈기 때문에, 함께 일하면 즐겁고 보람이 있을 것 같다는 생각이 들었습니다.

결국 주변에서 '여성에게 가장 좋다'고 이야기하는 교직의 자리를 뒤로하고, 새로운 것을 연구하여 상용화까지 이루어 내는 회사의 연구소에 입사를 하게 됐습니다. 남성 위주의 공과대학에 입학할 때 가졌던 10대 때의 도전적인 마음이, 사회 진출을 하는 30대 초반에도 저를 움직인 거죠. 이렇게 해서 제 20년 연구·개발 인생이 시작되었습니다.

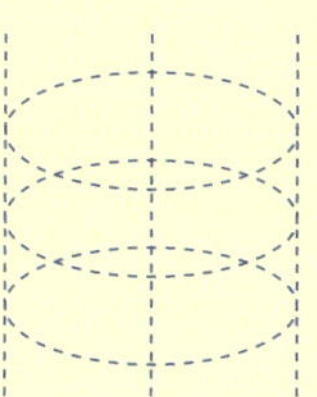

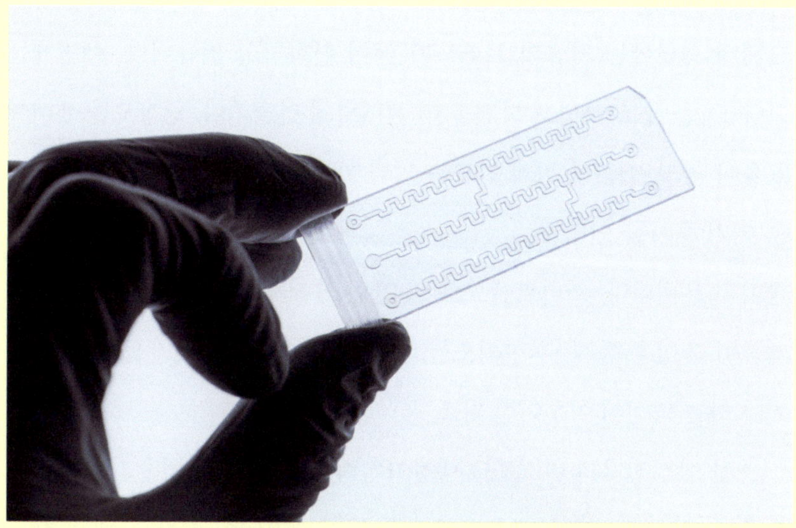

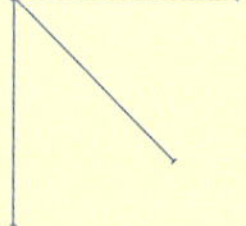

🔵 DNA, 단백질, 항체 등의 생체물질들을 작은 기판 위에 고밀도로 집적화하여 생물학적 분석을 수행하는 바이오칩(출처: shutterstock)

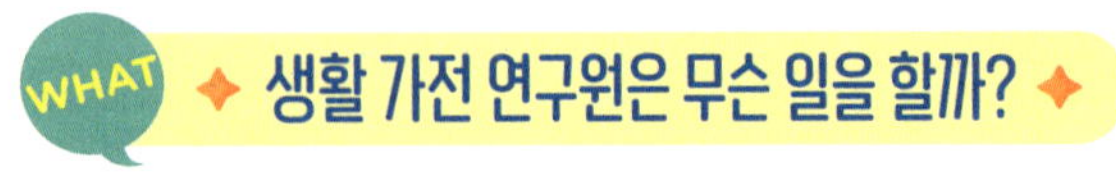

점점 똑똑해지는 가전제품들?

'생활 가전'이라고 하면 어떤 것들이 연상되나요? TV, 냉장고, 세탁기 등 가전제품들이 가장 먼저 떠오르죠? 맞습니다. 그런 가전제품을 만들어 내는 기술을 연구하고 개발하는 것이 생활 가전 연구원의 일입니다. 그런데 최근에는 기술의 트렌드가 많이 변화하고 있습니다. 예전에는 그냥 TV를 얇고 가볍고 화면을 더 선명하게 만들거나, 냉장고를 에너지 효율이 높고 소음이 적게 만드는 기술 개발들이 주력이었지만, 최근에는 여기에 사물 인터넷Internet of Things, IoT과 인공지능artificial intelligence, AI 기술이 적용됩니다. 스마트폰으로 집 안의 가전제품을 끄고 켜거나, 가전제품이 음성을 통해 나의 의도를 파악하고 알아서 무언가를 제공해 주거나 하는 혁신이 이루어진 거죠.

또한 삼성전자의 비스포크 냉장고처럼 자신의 집과 어울리는 인테리어를 고려하여 도어의 색과 소재 등을 직접 디자인할 수 있는 제품, 물과 세제를 적게 써도 빨래가 잘되는 친환경 세탁기, 외부 온도와 미세먼지에 따라 스스로 운전하면서 쾌적하고 청정한 공간을 만들어 주는 에어컨과 공기청정기 등, 변화하는 기후와 소비자의 다양한 요구 사항들을 잘 파악해서 편리하면서도 새로운 경험 가치를 제공할 수 있는 신제품을 연구하고 기술을 개발하는 것이 생활 가전 연구원의 일입니다.

우리의 삶과 환경이 지속적으로 변화하고 복잡해질수록 인간의 생활과 밀접한 관계가 있는 생활 가전 분야는 함께 발전해 나갈 테니, 생활 가전 연구원의 역할은 점점 더 빛이 나지 않을까요?

집, 호텔, 다목적 빌딩까지 IoT를 더하다

저는 2013년부터 본격적으로 스마트 가전과 관련된 일을 하기 시작했습니다. IoT 기술을 적용한 가전제품을 만들고, 이것들을 인터넷을 통해 클라우드 서버와 연결하여 다양한 서비스를 제공하는 일이죠. IoT, 즉 사물 인터넷은 쉽게 말하자면 사물에 통신이 가능한 칩과 센서를 장착해서 각각 개별의 사물들이 인터넷을 통해 데이터를 주고받을 수 있게 한 기술입니다. 예를 들어 와이파이 칩이 장착된 에어컨을 만들고 제품을 소프트웨어를 통해 클라우드 서버에 연결해 주면 여러분의 스마트폰에 설치된 앱을 통해 학교에서도 에어컨이 켜져 있는지 알 수 있으며, 집에 가기 전에 미리 냉방을 시켜 집 안을 시원하게 만들어 놓을 수 있는 거죠.

최근 홈 IoT는 인공지능 기술이 접목되면서 음성으로 가전제품을 제어하거나, 내 생활 패턴을 학습하여 편안하고 쾌적한 환경을 스스로 만들어 주거나, 냉장고의 식료품 재고를 알아서 파악하여 온라인 쇼핑 주문을 할 수 있게 추천해 주는 등의 스마트 가전 서비스를 제공하면서 크게 발전하고 있습니다.

또한 IoT 기술을 호텔 솔루션에도 적용하여 개발했고 상용화를 했습니다. 호텔의 투숙객과 호텔 관리자 모두를 위한 솔루션이죠. 호텔 객실

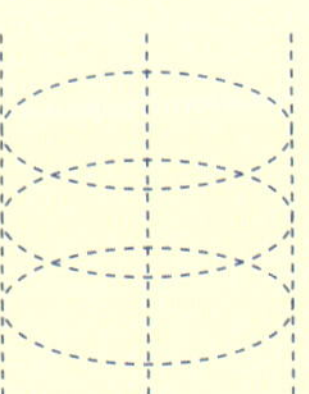

 인공지능 기능을 탑재하여, 음성으로 음식 조리법을 검색하거나 식재료를 구입할 수 있는 냉장고
(출처: https://news.samsung.com)

안에 있는 다양한 전자 기기들이 TV와 연결되고, 투숙객은 TV를 통해 커튼, 조명, 에어컨 등을 원하는 대로 제어하는 등 다양한 스마트 객실 서비스를 누릴 수 있어요. 호텔 직원은 객실을 보다 효율적으로 관리하면서 에너지도 절약할 수 있죠. 예를 들어 만약 투숙객이 없는 방에서 에어컨이 계속 돌아갈 때, 인체를 감지하는 센서를 통해 자연스럽게 조절하면 에너지를 절약할 수 있고 그에 따라 관리 비용을 효율화할 수 있게 됩니다. 또한 인공지능 학습을 통해 투숙객이 방에 돌아올 때를 예측하도록 하면, 실제로 입실했을 때 쾌적한 온도를 제공할 수 있고요.

최근에는 빌딩에 적용되는 스마트 솔루션인 b.IoT를 연구·개발하고 있습니다. 2018년부터 시장에 출시하여 국내와 해외 빌딩에 설치되고 있죠. 빌딩에서 사용하는 에너지가 중요한 이유는, 국가의 전력 사용량에 아주 많은 부분을 차지하고 그만큼 지구온난화에 미치는 영향이 크기 때문인데요. '제로에너지 빌딩'에 대해서 들어 봤나요? 이름에서 알 수 있듯이, 에너지 소비량이 최종적으로 0이 되는 빌딩을 말하는 거예요. 빌딩 스스로 에너지의 생성, 저장 그리고 소비를 최적화하여 운영하는 건물입니다. 에너지 소비 측면에서 보면 단열 건축자재 같은 것으로 에너지 손실을 줄이는 패시브Passive 기술과, 스스로 빌딩 설비들을 연결하여 자동으로 최적화하여 운전함으로써 에너지를 절약하는 액티브Active 기술이 있습니다.

b.IoT란 IoT 기술을 통해 빌딩 설비들을 모두 연결하고 AI 알고리즘을 통해 날씨와 이용자들의 특성에 맞추어 냉난방 온도와 스케줄을 자

동으로 운전하게 하는 소프트웨어 솔루션입니다. 이를 통해 빌딩 관리자는 빌딩 운전을 손쉽고 효율적으로 하면서 운영 비용을 절감할 수 있고, 건물을 이용하는 사람들은 청정하고 쾌적한 환경에서 업무를 할 수 있습니다. 예를 들어 볼까요? 한 빌딩에 독서실, 헬스장, 식당, 사무실 등이 다 들어 있다면, 각각의 환경에서 사람들이 느끼는 쾌적함의 정도는 다 다를 겁니다. 그런데 빌딩 전체 온도를 25도로 맞춰서 운전한다면, 어떤 사람들은 덥다고 할 거고 어떤 사람들은 춥다고 하지 않을까요? 이럴 때 인공지능 알고리즘을 이용하면 공간의 용도별로 사람들의 쾌적 지표를 스스로 찾아 맞추어 냉난방을 할 수 있습니다.

이렇듯 IoT로 연결된 기기들의 운전 데이터와 사용하는 사람들의 데이터를 모두 수집해서 인공지능을 통해 분석하고 최적화하여 보다 나은 빌딩 환경을 제공하는 기술은 더 이상 먼 미래가 아니라 현실로 다가와 있답니다.

'사업부'로 옮겨 가다

회사 연구소에 입사한 지 12년이 지났을 때, 저는 미래 기술을 연구하던 곳을 떠나 시장에 제품을 출시하는 데 필요한 기술을 연구하는 부서로 옮기게 되었습니다. 당시에 이런 이동은 드문 일이었어요. 1~2년 안에 제품에 사용될 기술보다는 5년 후를 내다보는 기술을 연구하는 연구소를 더 선호하는 연구원들이 많았거든요. 하지만 저는 연구소에 입사하고 수행했던 많은 연구·개발 결과물들이 제품에 적용되어 시장에

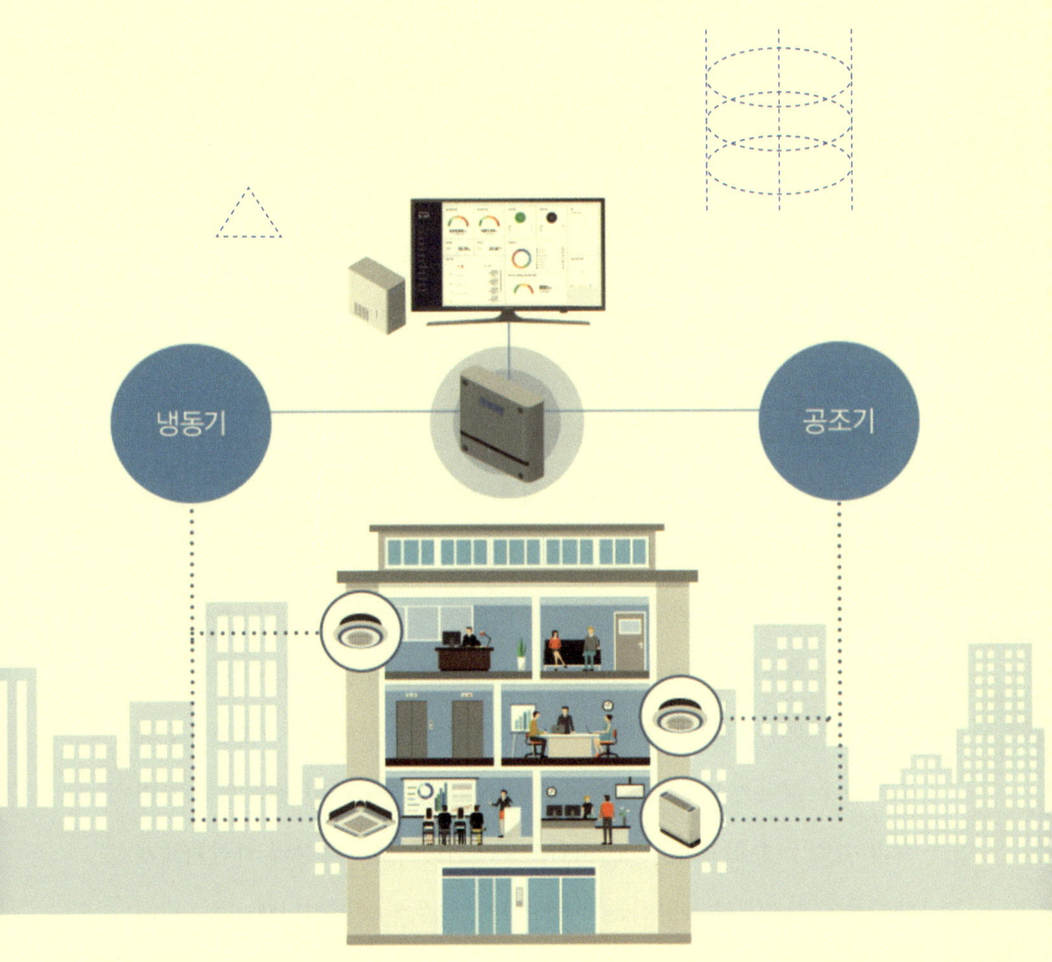

◢ 빌딩의 냉동기와 공기 처리기를 중앙에서 제어하여 에너지를 절감할 수 있는 b.IoT 서비스
(출처: https://www.samsung.com/sec/business)

제대로 출시되지 못하는 것에 아쉬움이 컸습니다. 이대로는 제가 수행하던 연구 테마가 더 이상 확대되기 어렵다는 판단을 했어요.

그래서 과감하게 새로운 연구 분야를 찾는 일을 시작했고, 1년여 동안 연구 테마를 기획한 것이 IoT를 접목한 기술이었어요. 본격적으로 이것을 연구하기 위해 2013년에 사업부 연구소로 옮기게 된 거죠. 이때부터 앞에서 언급했던 스마트 가전, 호텔, 빌딩 솔루션을 개발하여 시장에 출시하는 일을 맡았고 상무로 승진하여 지금은 사업부 소속으로 일하고 있습니다.

오랫동안 몸담으면서 많은 사람들과 어울려 일했던 홈그라운드의 삶을 뒤로하고, 낯선 사람들 속에서 적은 인원으로 새로운 기술 테마를 처음부터 하나씩 연구하는 길은 쉬운 선택은 아니었습니다. 주변에서도 그동안 쌓아 온 경력과 명성이 있는데 굳이 왜 그것을 많이 인정해 주지 않는 곳으로 가서 고생을 하느냐고 말리는 분들이 많았어요. 하지만 지금 돌이켜보면 어렸을 때부터 세상이 필요로 하는 새로운 기술을 꼭 제품화하고 싶다는 마음이 나이를 먹어서도 가슴속 어딘가에 계속 자리잡고 있었구나 싶어요. 그런 마음으로 도전한 것이 세상과 사람들에게 새로운 경험가치를 제공하는 바로 이 IoT 솔루션 분야입니다.

기술을 넘어 소비자와 사회를 이해하는 일

생활가전사업부에서 일한다고 하면 '사업부'라는 말 때문에 마치 연구·개발 일은 그다지 없고 생산과 제조 관련 일만 할 것이라 생각할 수 있는데, 사실 그렇지는 않습니다. 연구소와 사업부는 최종적인 목표가 기술과 제품 중 어느 쪽에 더 치우쳐 있느냐가 다를 뿐, 새로운 것을 찾아 연구하고 기술을 완성도 있게 만드는 일은 같다고 할 수 있거든요. 제가 연구원으로 있을 때에는 기술 개발과 연구가 주된 일이었습니다. 신기술을 찾아 연구·개발하고 그를 통해 표준 규격을 확보하고 특허를 내는 것이 매우 중요한 목표였죠. 마찬가지로 사업부에서도 더 뛰어나고 차별화된 기능을 구현해 내기 위해 신기술을 연구하고 개발하는 일을 하지만 거기에 더해 기술을 완성도 높은 제품까지 연결하여 시장에 출시하는 단계까지 수행하게 됩니다. 그렇기에 연구소에서는 기술 그 자체에 집중하면서 더 혁신적이고 더 압도적인 성능을 확보하는데 집중했다면 사업부에서는 그 외에도 더 많은 것들을 살펴보아야 하죠.

우선 소비자는 어떤 것을 원하는지 깊이 생각하게 됩니다. "이 제품을 사용하게 될 소비자가 정말 이 기술을 필요로 할까?"라는 질문이 결국 "이 제품이 시장에서 성공할 수 있을까?"로 연결되거든요.

소비자와 함께 시장도 자세히 들여다봅니다. 출시하려는 제품과 관련해 사회적 분위기가 어떤지, 관련된 정부의 규제가 있지는 않은지, 제품을 통해 세상에 기여하려는 목적이 분명한지 등 말입니다. 또한 시장에는 경쟁하는 업체가 있으니 그들의 제품도 면밀히 살펴보고 비교해서 우리 제품이 어떤 차별화된 경험과 가치를 제공하는지에 대해서도 고민하게 됩니다.

이러한 일련의 과정을 보면 사업부에서의 삶이란 기술과 제품을 넘어 사회와 소비자들을 이해하고 공감하는 일을 함께할 수 있다는 점에서 엔지니어로서 재미있고 특별한 경험이라고 생각합니다. 또한 자신이 연구하고 개발한 제품들이 시장에서 소비자를 직접 만나게 되니, 다양한 사용자들의 제품 경험에 대한 고객의 소리를 구체적으로 피드백 받을 수 있습니다. 이를 통해서 기술과 제품의 완성도가 지속적으로 높아져 가고 또 다른 새로운 아이디어를 발굴하여 혁신에 도전할 수 있는 기회도 생기게 됩니다.

이런 업무의 특성 때문인지 요사이 생활가전사업부에 지원하는 신입 사원들이 부쩍 늘어나고 있어요. 실생활에 응용되는 제품 개발에 관심이 있는 분들은 사업부에 관심을 가져 보는 것도 좋을 것 같습니다.

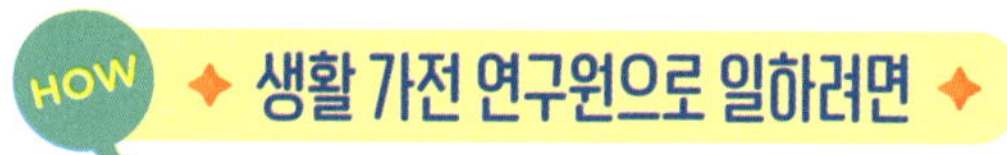

융합 통한 새로운 기회가 무궁무진!

생활 가전 연구원이 되기 위한 대표 공학 계열 전공 분야를 꼽는다면 기계공학, 전자전기공학, 컴퓨터공학, 재료공학 등일 거예요. 하지만 최근 산업의 트렌드를 보면 여러 분야의 전문성이 융합하여 시너지를 내는 기술과 이를 채용한 혁신적인 제품들이 많이 출시되고 있답니다. 그런 만큼 이 외에도 에너지, 환경, 식품, 화학공학도 빼놓을 수 없습니다.

최근에 출시한 그랑데 AI 세탁기를 예로 들어 볼게요. 세탁 성능과 저소음 및 내구성을 구현하기 위한 모터를 포함하여 제품 설계, 재질 및 저가 제작 공정은 주로 기계, 전자, 재료 및 화학공학 전공자들이 하게 됩니다. 하지만 제품에 와이파이 칩을 내장하여 클라우드와 연결하고 세탁기 내에 장착된 센서들을 통해 세탁물 무게, 물의 양, 오염도 데이터를 수집하며, 이를 인공지능 알고리즘을 통해 분석하여 세탁물에 알맞은 세탁 코스와 시간을 추천하고 자동으로 운전하는 기능은 컴퓨터 및 제어 공학 전공자의 소프트웨어 기술이 융합되어야 가능한 거죠.

그렇기 때문에 이제는 자신의 전공 분야에서 전문성을 갖추는 것 외에도 다른 분야 사람들과 원활하게 소통하고 머리를 맞대어 좋은 아이디어를 만들고 협업을 통해 발생하는 문제를 잘 해결해 가며 최종 결과물까지 확보하는 능력이 요구됩니다.

여러분도 자신이 원하는 전공 분야에서 열심히 실력을 키우는 것이 우선이겠지만, 그 밖에 동아리나 단체 활동을 통해 협업 프로젝트를 수행하고 대회에 출전해 보는 경험도 필요하다고 생각해요. 규모가 크지 않더라도 작은 협업 과제들을 성격과 특성이 다른 친구들과 함께 어울려 완성해 나가는 일련의 과정을 겪어 본 신입 사원들은, 입사 뒤 처음 업무를 받아 수행하는 역량이 상대적으로 우수한 것을 종종 보곤 합니다.

'가심비'가 빛을 발하는 영역

최근 제품과 서비스를 기획하고 개발하는 업무에서 여성 엔지니어의 활약이 두드러지고 있는데요. 여성들이 가지고 있는 유연함, 소통 및 공감 능력이 기술 전문성에 더해져 창의적이고 섬세한 아이디어를 만들어 내는 업무에서 빛을 발하는 것이 아닐까 생각합니다.

'소비자 경험 혁신'이라는 말을 들어 봤나요? 이 말은 업계에서 최근 몇 년간 계속 화두가 되고 있어요. 이제 어떤 제품과 서비스를 '산다'기보다 '이용하고 공유한다'는 개념이 더 익숙한 시대가 아닌가 싶습니다. 단순히 더 좋은 성능과 아름다운 디자인으로 제품을 변화시키는 것만으로 더 이상 소비자를 만족시킬 수 없다는 뜻이기도 합니다.

예를 들어, 최근 젊은 층들은 여행을 갈 때 숙박으로 호텔 대신 에어 비앤비_{Airbnb, 2008년 8월 시작된 세계 최대의 숙박 공유 서비스로, 자신의 공간을 여행자에게 임대할 수 있}다를 이용하는 경우가 많습니다. 단순히 저렴하고 선택의 폭이 넓어서라기보다는 다양한 사람들과의 자연스러운 만남이나 타국에서의 홈 라이프를 직접 체험해 보는 등 여행지에서 색다른 경험을 할 수 있는 기회가 포함되어 있어서일 겁니다.

그런 맥락에서 요즘엔 '가성비'가 아니라 '가심비'라는 말이 통용되기도 하는데요. 가성비가 가격 대비 성능을 말한다면 가심비는 가격 대비 자신의 취향이나 마음의 만족도가 높다는 뜻이죠. 예전에는 가성비가 만족스러운 제품이 인기였던 것에 비해 최근에는 가심비 좋은 제품과 서비스가 각광받고 있습니다. 새벽 샛별 배송으로 인기인 마켓컬리를 예로 들어 보면, 소비자의 생활 패턴과 식습관을 깊게 연구하여 건강하고 맛있는 신선 식품을 찾고, 이를 가장 안전하고 편리하게 받을 수 있도록 새벽 출근 전 문 앞에 배송함으로써 구매자들의 식품 구매 경험을 다르게 만들어 주었습니다. 이 때문에 가격은 조금 비싸더라도 계속해서 믿고 구매하는 충성 고객이 생기게 되죠.

고객의 경험을 혁신하고 마음의 만족을 극대화하는 제품과 서비스를 개발하기 위해서는 무엇보다 고객의 입장에서 생각하는 것이 중요합니다. 소비자의 입장에 서서 무엇이 불편한지, 어떤 것이 필요한지, 그로 인해 생활에 어떤 변화가 생길지를 상상하고 예측하고 그려 보는 것이죠. 이 부분에서 저는 여성들의 장점이 크게 발휘될 수 있다고 생각합니다.

미래의 후배들에게 한마디

학생들과 함께 멘토링을 하다 보면 이런 질문을 많이 받곤 합니다. 어떻게 하면 기업에서 자신이 원하는 바를 이루고 성공할 수 있느냐고요. 그럴 때 전 제가 걸어온 길을 되돌아보면서 이런 이야기를 들려주곤 합니다. 자신이 어떤 사람인지 스스로 파악해 보려고 노력하면서, 작더라도 이루고 싶은 것이 무엇인지 알아내세요. 그리고 그것이 어떤 모습인지 추상적이지 않게 현실적으로 구체화해 보는 겁니다. 그리고 그것을 위해 너무 길지 않은 기간에 달성할 수 있는 목표를 세우세요. 그렇게 하면 자신이 부족한 부분을 알게 되고 그것을 채우기 위해, 또는 자신의 장점을 더욱 강화하기 위해 부단히 무언가를 하게 될 것입니다. 이렇게 준비를 차곡차곡 계속 하다 보면 분명히 기회가 찾아올 것이라고 믿고 나아가길 바랍니다.

저와 몇 년간 교류하던 한 멘티를 보면서, 이 친구는 참 열심히 자신을 돌아보고 주변에 도움도 청하면서 끊임없이 노력하는구나 생각했는데요. 그 친구가 몇 번의 실패를 겪고 난 어느 날 전화를 걸어 와 "멘토님! 저 드디어 입사했어요!"라고 했을 때, 그 친구의 작은 노력들이 쌓여서 드디어 결실을 이룬 것이 기뻤고, 끝까지 자신을 믿고 도전했던 용기에 박수를 보냈답니다.

스마트한 미래 시대는 여성의 장점이 더 많이 빛을 발할 수 있는 방향으로 진화하고 있습니다. 전문성과 창의성을 통해 틀을 깨는 발상의 전환 위에 새로운 사업의 기회가 열리고 있고요. 끊임없이 자신의 발전과 변화를 위해 용기를 갖고 무한도전하시길 바랍니다.

"꽃이 피지 않는 봉우리는 없다, 다만 늦게 필 뿐."

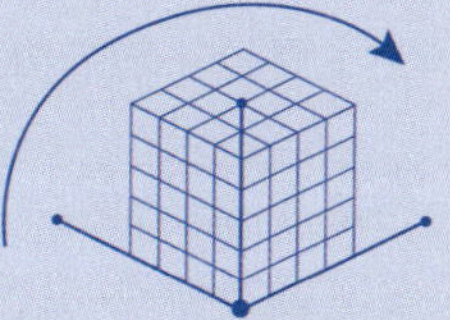

지구 기후 변화의 최전선에서

인터뷰이 박·지·연

환경공학을 전공하고 현재 극지연구소에서 극지기후과학연구부 선임연구원으로 일하며, 극지 대기 중 에어로졸의 물리·화학적 특성과 기원 등을 연구하고 있다.

공학과를 전공한다고 해서 모두 엔지니어가 되는 것은 아니에요! 전공을 공부하는 과정에서 제품이나 기술을 연구·개발하는 일보다 자연 현상을 연구하는 데 더 흥미가 있다는 것을 알게 된다면, 충분히 연구원으로도 진출이 가능합니다.

환경공학을 전공했지만, 기후과학을 연구하고 있는 박지연 박사님이 그런 경우인데요. 그중에서도 대부분의 사람이 평생에 한 번을 가기도 힘든 남극과 북극의 기후를 연구하는 연구원이랍니다. 미지의 세계로만 느껴지는 극지 연구 이야기, 함께 들어 볼까요?

펭귄 봤어요? 북극곰 봤어요? 오로라 봤어요?

중·고등학생 때부터 "나는 꼭 이 일을 할 거야!"라고 확신하고 있는 학생이 몇이나 있을까요? 저 역시 당시에는 상대적으로 과학 교과를 선호했고, 그러다 보니 이공 계열로 진학하고 싶었고, 그중에서도 환경 문제를 해결할 수 있는 공학을 하면 재미있을 것 같아서 환경공학과를 택하게 됐어요.

그런데 막상 본격적으로 공부를 하다 보니, 밝혀지지 않은 자연 현상을 탐구하고 원인을 규명하는 데 더 흥미를 느끼고 있다는 것을 알게 됐죠.

극지기후과학연구원은 기본적으로 다른 대기 관련 연구원이 하는 일과 비슷한 일을 합니다. 주로 기후 현상을 관측하고 여기서 측정한 기후 데이터를 토대로 논문을 작성해요. 가장 큰 차이점은 어떤 대기를 연구하느냐는 거죠. 남극과 북극의 대기를 연구한다는 것 자체가 매우 특별

🔺 국내 최초의 쇄빙선 아로온호에서 바라본 풍광

한 일이기는 합니다. 남극의 세종과학기지와 장보고과학기지, 북극의 다산과학기지 그리고 쇄빙 연구선 아라온호에서 극지기후 연구를 수행하게 되는데요. 국내 혹은 상대적으로 접근이 쉬운 곳의 대기와 기후를 연구한다면 겪지 않을 일들을 겪게 될 때도 있습니다.

우선 언제든 갈 수 없다는 것에서 오는 부담감이 분명히 존재합니다. 극지연구원들은 극지의 여름철에 주로 출장을 가게 돼요. 사실 우리나라에서 출발해 극지에 도착하는 데 약 3~5일 정도 걸리는 것은 그렇게 큰 문제가 아닙니다. 문제는 이때 한번 다녀오면 그해에는 다시 가기 어렵다는 거죠.

남극 세종과학기지를 예로 들면 그곳의 여름, 즉 12월쯤에 1~2개월 기간으로 출장을 가게 되면 그해 연구할 모든 시료를 채취해야 하고, 데이터를 측정한 장비들을 세팅해야 한다는 거예요. 저는 극지에 가면 주로 대기를 관측할 장비를 점검하고 세팅하는데, 만약 제가 이때 제대로 장비를 준비해 두지 않아 대기를 관측하지 못한다면 그해 연구 결과를 내지 못할 수도 있습니다. 그렇기 때문에 매번 출장을 갈 때마다 최대한 완벽하게 하고 와야 한다는 책임감이 큽니다. 2개월 정도의 극지 출장에서 잘하고 와야 10개월 연구를 잘 이어갈 수 있으니까요.

한번은 북극 항해 에어로졸 지구 대기 중을 떠도는 미세한 고체 또는 액체 입자 관측 연구를 위해 국내 최초의 쇄빙선인 아로온호에 탄 적이 있는데요. 다른 기지에서 연구할 때와는 또 다르게 아라온호를 타면 출장 기간 동안 배 안에서 계속 지내야 해요. 그래서 출항하기 전에 장비 점검을 마쳐야 했어요.

🔺 국내 최초의 쇄빙선 아로온호에서 바라본 풍광

바로 내일 오후가 출항인데, 전날 밤 8시에도 장비 문제가 해결이 되지 않는 거예요. 약 2개월간의 항차였는데 그대로 출항하면 해당 장비는 그 시간만큼의 결측이 발생하게 되거든요. 그럴 때는 정말 속이 타들어 갑니다. 하지만 결국 이런 문제들을 해결해서 데이터를 획득했을 때 느끼는 성취감과 기쁨은 글로 표현하기 힘들 정도입니다.

또 쇄빙선의 경우에는 계속 움직이는 배 안에서 시료를 채취하는 것이기 때문에, 지나가면 다시 돌아갈 수 없는 더 극적인 환경이죠. 어느 부분의 해수가 필요하다, 그런데 지나갔다? 다시 되돌리기 어렵습니다.

🔺 북극의 북극곰

🔺 남극의 펭귄들 (출처: 극지연구소 강효진 연수생)

새벽에도 갑자기 그 지점에 도달했다고 하면 달려 나가서 시료를 채취해야 하죠. 하지만 많은 연구원들이 힘을 모아 샘플링을 모두 진행하고 나면, 처음에는 모르는 사이였던 사람들과도 많이 친밀해진답니다.

어느 늦은 밤 샘플링을 진행하고 있는데, 어두운 밤하늘에 오로라가 나타났고, 내 생애 첫 오로라와 마주했을 때의 신비로움은 지금도 생생하게 기억이 납니다.

극지기후과학 연구는 이렇게 희소성이 있는 만큼 매력적인 연구라고 생각합니다. 지금까지 총 다섯 번 정도 극지에 갔는데, 갈 때마다 새롭고 신비로운 것이 극지입니다. 연구 결과를 발표할 때 많은 분들이 "펭귄 봤어요? 북극곰 봤어요? 오로라 봤어요?" 하면서 많이들 궁금해하는 것처럼……. 그만큼 아무나 가 볼 수 없는 곳을 가고, 심지어 그곳을 연구하고 있다는 것, 그 매력은 엄청나죠.

철저한 안전 시스템

"펭귄 봤어요?"라는 질문 다음으로 많이 받는 질문은 "위험하지 않은가요?"일 거예요. 제가 극지에 있구나 실감할 때가 바로 메신저 문제가 생겼을 때인데요. 극지는 공간이 제한적이라서 인터넷이 느리기도 하고, 갑자기 문제가 발생하면 며칠씩 끊기기도 해요. 메신저로 연락하다가 갑자기 뚝 끊기면 한국에 있는 가족이 걱정을 하더라고요. 혹시 무슨 일 생긴 거 아니냐고. 그럴 때면 '아, 아무리 서로 익숙해져도 여기가 극지는 극지구나, 안전 관리에 더 주의 해야겠구나' 하고 생각하죠.

하지만 그만큼 시스템이 안전 관리에 철저하게 되어 있어요. 출장 전에 부산에 가서 3일 정도 안전 교육을 받습니다. 수영장에서 보트를 타면서 보트가 뒤집혔을 때는 어떻게 해야 하는지, 그리고 정전 상황에서 어떻게 대처해야 하는지 등을 전부 시뮬레이션하면서 실제 상황을 실습합니다. 또한 저 같은 경우는 주로 기지 내에서 근무를 하지만, 극지의 생물이나 토양 샘플링이 필요한 분들은 직접 극지를 돌아다니는 일이 많기 때문에, 반드시 단체로 움직이고 무전기를 지참하는 등 문제가 생겼을 때를 항상 대비하면서 연구에 임하고 있죠.

극지에 의사 선생님도 따로 계시고, 출장 전 건강검진은 물론 치과 진료서까지 제출해야 해요. 그만큼 건강과 안전에 대해서 철저하고 체계적으로 관리하고 있어서 첫 출장 이후로 안전에 대한 걱정은 많이 줄어들었습니다.

처음엔 부모님도 많이 걱정하셨는데, 극지에 셰프님도 따로 계서서 먹는 것도 잘 먹고 첫 출장 후에 오히려 포동포동 살이 쪄서 돌아온 저를 본 후로는 이제 조금 안심하시는 것 같아요.

아직은 낯설고 비밀스러운

진로 멘토링 프로그램에 멘토로 참여하게 되면 가장 많이 듣는 질문이 취업 관련 고민 그리고 어떻게 하면 극지연구소에서 일할 수 있느냐는 거예요.

제가 환경공학 전공 공부를 할 때도 미세먼지가 이슈가 되기 시작하

🔺 남극 세종과학기지 대원들의 모습 (출처: 극지연구소 강효진 연수생)

고 사회적 관심이 증대되면서 혹시나 관련 일자리 수요가 늘어나지 않을까 기대했어요. 이제는 환경공학과가 비전이 좋지 않냐고 궁금해하는 분들이 있는데, 사실 그렇게 이슈가 되어도 관련 직업군의 구인률이 폭발적으로 오르지 않는 경우도 많이 있죠. 그러니 제가 환경공학과 '취업 잘됩니다', '전망 좋습니다'라고 단언하기는 어려워요. 하지만 자연은 우리 삶에서 뗄 수 없는 영역이고, 우리는 절대 자연을 이길 수 없기 때문에, 자연과 환경에 대한 연구는 앞으로도 계속 이루어지지 않을까 싶습니다.

그중에서도 극지에 대한 연구는 현재 매우 활발하게 이루어지고 있으나 여전히 낯설고 비밀스러운 영역입니다. 극지는 기후 변화에 따른 반응이 가장 먼저 나타나는 지역이기 때문에, 극지에 대한 연구는 앞으로 더욱 활발히 이루어져야만 한다고 생각해요. 그러니 극지기후과학을 연구하는 연구원의 직업적 전망, 긍정적이지 않을까요?

미래의 후배들에게 한마디

여러분에게 '연구원'이 직업이라고 하면 데이터를 보고 공부하고 연구하는 조금 기계적인 일을 한다고 받아들여질 수도 있을 것 같아요. 하지만 절대 그렇지 않다는 것을 말해 주고 싶어요. 새로운 연구 주제를 생각하고, 측정한 데이터를 토대로 새로운 발상을 할 수 있는 창의성이 연구원에게 꼭 필요한 덕목 중 하나거든요.

하지만 창의성만큼 중요한 덕목이 바로 인내심이라고 생각합니다. 정답이 없는 자연 현상을 이해하고 규명하는 일은 늘 새롭고 신비로운 작업이지만, 막막한 것이 사실입니다. 제가 박사과정 중에 실험이 계획한 대로 진행되지 않아서 좌절해 있을 때마다 선배님들이 위로해 주기도 했죠. 실험 과정에서 수도 없이 좌절을 겪고 때로는 슬럼프가 찾아오기도 하기 때문에, 계획한 연구가 생각한 대로 되지 않을 때도 포기하지 않고 꾸준히 진행할 수 있는 인내심이 꼭 필요하다고 생각합니다.

진학과 취업을 준비하고 있는 학생들이 먼 미래에 대한 불안감과 막연함으로 망설이거나 포기하는 경우를 볼 때 참 안타까워요. 중간에 포기하지 않길 바라요. 꾸준히 열심히 노력하면 자기가 하고 싶은 일을 할 수 있습니다. 이제는 그럴 수 있을 만한 환경도 많이 만들어졌기 때문에, 포기하지 말고 흔들리지 말고 도전하라고 꼭 말해 주고 싶습니다.

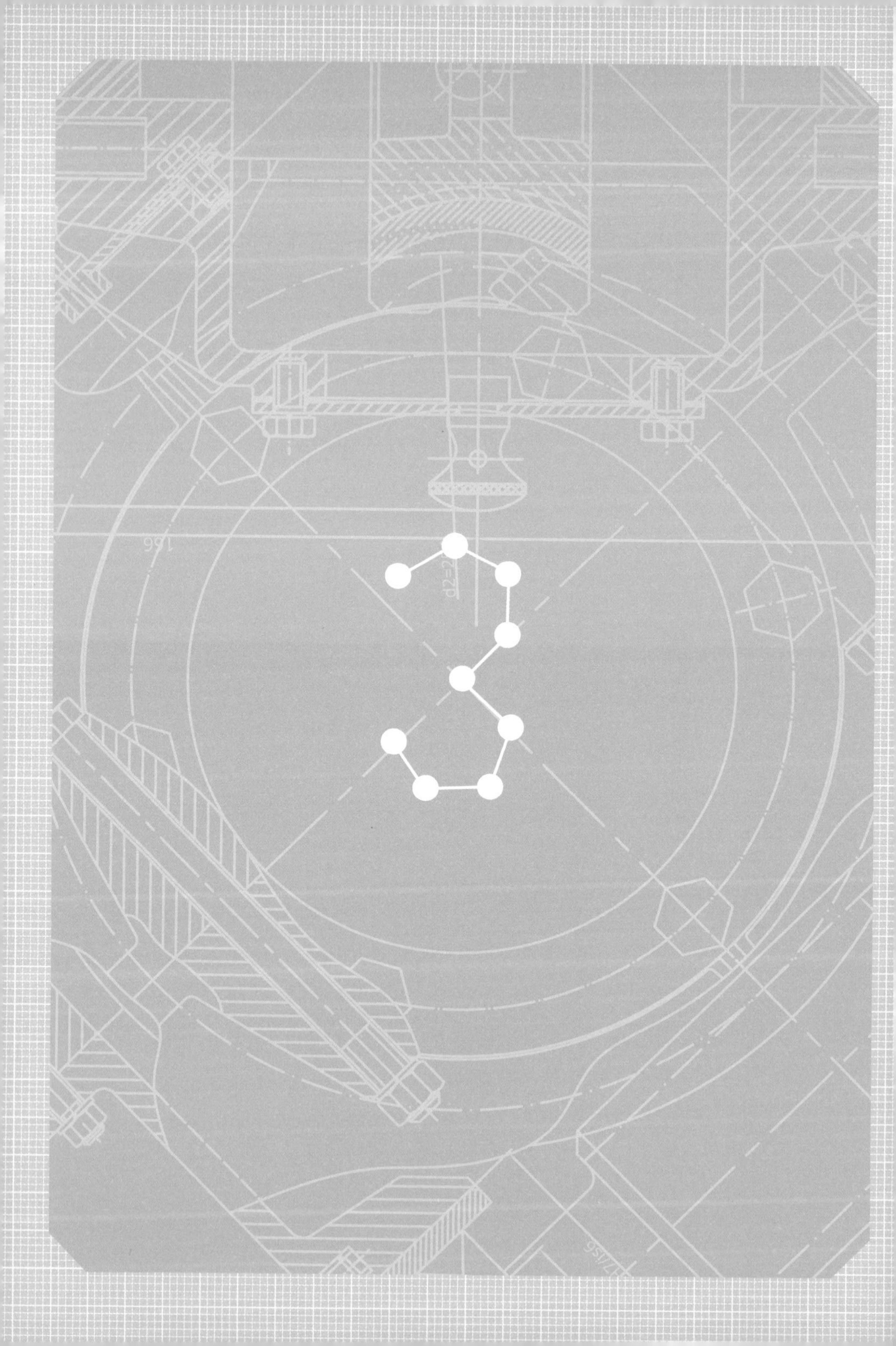

상상에서 일상으로, 미래 공학기술

공학소녀시대가 존재하는 이유

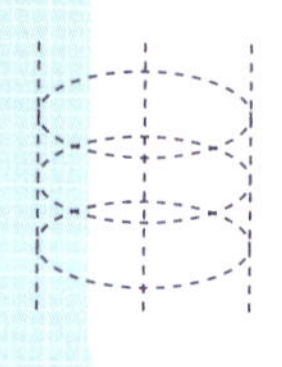

"공학은 어렵지 않아!"

백번 말해 봐야 무슨 의미가 있을까요? 정작 그 말을 듣는 학생들이 교실에서 배우는 과학과 수학은 어렵기만 하고, 외워야 하는 공식은 학년이 올라갈수록 눈덩이처럼 불어나는데 말입니다.

하지만 만약 교실에서 3D 프린터로 내가 좋아하는 연예인의 사진을 출력했다면 어땠을까요? 그것도 아니면 직접 드론을 조종해 볼 기회가 있었다면 어땠을까요? 어렵고 멀게만 느껴졌던 공학이 쉽고 재미있게, 마음이 잘 맞는 친구처럼 느껴지지 않을까요?

한 번의 체험과 경험은 백 마디 말보다 힘이 있습니다! 그것이 바로 〈Girls' Engineering Week, 지금은 공학소녀시대〉가 있는 이유입니다!

여러 기사에서 '4차 산업혁명에는 여성의 강점이 발휘될 것이다, 여성 인력을 필요로 할 것이다, 공학 분야 여성 인재를 양성할 것이다'라고 보도하고 있지만, 어린 학생들이 이런 사회적 흐름을 체감하고 있는지는 알 수 없습니다. 그에 대한 반례로 최근 한국교육개발원의 교육통계서비스자료에 의하면 2019년을 기준하여 공학 계열의 대학에 입학한

▲ 여중,여고생들과 함께하는 <Girls' Engineering Week, 지금은 공학소녀시대>

여성이 대학에 입학한 전체 여성 중 14.1%밖에 되지 않는다고 해요. 그만큼 아직까지는 공학 분야로의 여학생들의 진출이 부족한 것이 현실입니다.

어렵지 않다는 말로는, 공학 분야가 전망이 밝다는 설득으로는 절대로 부족합니다! 여학생들의 진로·진학 탐색을 돕기 위해 그리고 전공 선택의 폭을 넓힐 수 있는 기회를 마련하기 위해 개최되는 〈Girls' Engineering Weeks이하 GEW〉 GEW는 한국여성과학기술인지원센터가 여성 공학 주간으로 지정한 기간 동안 전국의 지역 사업단이 동시에 진행하는, 중·고교 여학생들만을 위한 공학 대축제입니다. 2011년부터 해마다 열리는 이 행사는 중·고교 여학생들에게 직접 공학 분야를 체험할 수 있는 기회를 제공하고 있는데요. 드론 조종, 3D 모델링 체험, 자율주행자동차 체험 등 다채로운 전공 체험 프로그램이 진행된다고 합니다. 뿐만 아니라 전공별 선배들과의 멘토링 시간, 실제 공과대학 교수님들의 전공 소개, 현장에서 일하고 있는 여성 공학인의 특강까지! 진로를 고민하고 있는 여학생들이라면 절대 놓쳐서는 안 될 행사죠. 특히 매해 신기술 트렌드를 반영하여 체험 프로그램을 구성하기 때문에, 쉽게 접할 수 없는 최신 기술을 직접 체험하고 탐색할 수 있어 학생들의 만족도가 굉장히 높답니다. 또한 대부분 한국여성과학기술인지원센터의 전국 지역 사업단이 동시에 진행하는 행사이니만큼, 지역과 무관하게 많은 학생들에게 참여 기회가 주어진다는 것도 큰 장점 중 하나입니다!

소문난 잔치에 먹을 게 없다는 말은 이미 지난 이야기! 즐길 거리가 가득한 GEW에서 주목하는 신기술은 어떤 것들이 있을까요?

1. 프린터로 찍어 내는 미래, 3D 프린팅

학생들에게 인기가 좋은 체험 프로그램 중 하나는 바로 '3D 프린팅printing'실습입니다. 현장에서는 3D 모델링 프로그램으로 직접 작품을 설계·편집해 볼 수 있고, 자신만의 캐릭터를 디자인할 기회도 있죠. 또한 강사님의 설명을 통해 기본적인 3D 프린팅 기술에 대해 이해하고, 현재 3D 프린팅 기술이 사용되는 분야와 앞으로의 발전 방향에 대해 이야기할 시간도 준비되어 있습니다.

3D 프린팅 기술은 이미 많은 분야에서 상용화된 기술 중 하나입니다? 3D 프린팅은 프로그램을 통해 모델링한 3D 도면을 실제 입체 조형물로 출력하는 기술입니다. 작업자가 3D 모델링 소프트웨어를 통해 모델링한 3차원 도면 데이터는 다시 슬라이싱slicing 프로그램으로 출력할 3D 프린트의 크기, 재료, 온도, 속도 등의 각종 설정을 통해 단면의 층으로 만들어 주는 슬라이싱을 진행하게 되며, 이렇게 만들어진 G-CODE를 3D 프린터에 전송하게 됩니다. 그리고 이 잘린 단면의 정보에 따라 재료를 쌓아 올리는 적층 작업, 즉 3차원 입체 공간에 출력하는 작업을 통해 3차원 형태의 조형물을 제작하는 것이 3D 프린팅 기술이죠. 간단하게 말하자면 2D 프린터가 그림이나 문자로 된 문서를 평면으로 인쇄

하는 기술의 장치라면, 3D 프린터는 입체 도형을 인쇄하듯 만들어 내는 장치라고 볼 수 있습니다.

현재 대부분의 3D 프린터는 입력된 도면에 맞게 재료를 층층이 쌓아 올려 조형물을 만들어 내는 적층식 방식을 사용하고 있습니다. 물론 똑같은 적층형 방식이라 하더라도 사용하는 재료에 따라 그 원리는 조금씩 달라지는데요. 녹인 플라스틱을 겹겹이 쌓아 올려 조형물을 만드는 방법, 액체로 된 물질에 레이저를 쏘아 굳히면서 조형물을 만드는 방법, 금속을 용접하여 조형물을 만드는 방법, 심지어 최근에는 음식을 재료로 해 3D 프린터로 요리를 출력하기도 한다고 합니다.

"왜 요리를 3D 프린터로 만들어!?" 조금 당황스럽죠? 음식 가지고 장난하면 안 된다는 말이 있는데 말입니다! 하지만 음식을 재료로 하여 요리를 출력해 내는 3D 푸드 프린팅 기술은 절대로 먹을 것을 가지고 장난을 하는 것이 아닙니다! 3D 푸드 프린팅 기술은 모델링 된 데이터, 그러니까 레시피만 있으면 언제 어디서든 누구나 같은 요리를 만들어 낼 수 있는 미래 기술입니다. 또한 단순히 맛있는 요리를 만들어 내는 데 그치지 않고 식량 문제를 해결할 수 있는 방안이기도 하죠. 곡류, 미세 조류 등 천연 원료를 활용한 다양한 카트리지를 개발한다면 3D 푸드 프린터로 식량난을 해결할 수 있을 것이라는 것이 전문가들의 기대입니다. 또한 이슈가 되고 있는 버려지는 음식물로 인한 식량 낭비, 동물 윤리 문제, 우주에서의 식량 조달까지 해결할 수 있는 것이 바로 3D 푸드 프린팅 기술입니다. 3D 프린팅 기술이 등장한 초기에는, 3D 프린터가 단순

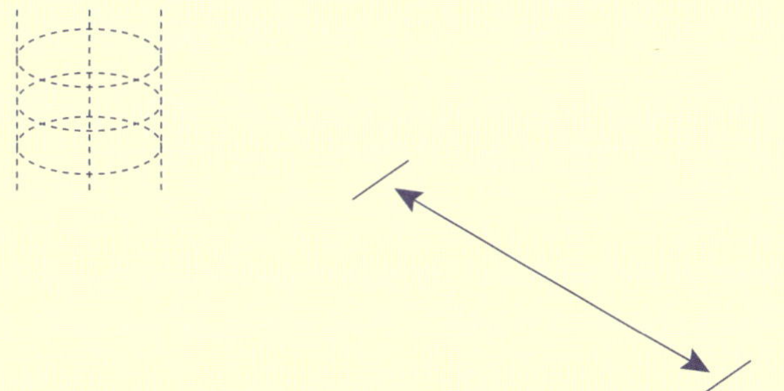

○ 3D 프린팅 기술로 만들어 낸 다양한 창작품

히 항공, 자동차 등 제조업 분야에서 주로 활용되며 다양한 제품을 생산하는데 도움을 주었지만, 최근에는 그 영역을 더욱 확장시키고 있습니다. 앞서 소개한 식품 산업 분야는 물론이고, 관절, 의수 등을 만드는 의료 분야에서부터 설계도대로 골조를 만들어 내는 건설 분야에까지 적극적으로 활용되고 있죠.

3D 프린팅 기술이 이렇게 다양한 분야에서 빠르게 상용화될 수 있는 이유는 무엇일까요? 바로 3D 프린팅 기술이 갖는 다양한 강점 덕분입니다. 3D 프린팅 기술은 어떤 조형물을 제작하고자 할 때, 재료를 깎거나 주조하는 기존의 생산 방식에서 벗어나, 3D 프린터 하나만으로 다양한 제품을 만들 수 있게 합니다. 이 때문에 작업 시간을 물론이고 조형물을 제작하는 비용, 제작 공정 등을 절감할 수 있습니다. 또한 이전에는 어떤 제품을 만들 때, 각 제품을 만들 수 있는 전문가가 개별적으로도 요구됐던 것에 반해, 3D 프린팅 기술을 활용하면 3D 프린팅 전문가만 있으면 대부분의 조형물을 만들어 낼 수 있다는 이점이 있습니다. 이런 이유로 이미 많은 산업 분야에서 활발하게 사용되고 있고, 앞으로의 발전 가능성이 더욱 무궁무진한 기술이죠. 어린 친구들에게는 실습시간이 너무 재미있는 기술이기도 하고 말입니다!

2 무선 주파수가 세상을 보는 법, RFID 전자 태그

이름만 들으면 익숙하지 않은 기술 'RFID_{Radio-Frequency Identification}'. 실제 RFID 전자 태그 실습을 체험하러 온 학생들 역시 대부분 조금 생소하다는 얼굴로 강사님을 바라보고는 했는데요. 그러나 실생활에서 RFID 기술이 도입되어 사용되는 시스템이 무엇인지 알게 되면, 아니, 딱 세 단어만 들어도 얘기가 달라집니다! '삑! 잔액이 부족합니다.' 감이 오지 않나요?

RFID는 사물 인터넷, 즉 IoT_{Internet of Thing}의 핵심 기술 중 하나입니다. 사물 인터넷은 간단히 설명하자면 다양한 사물들을 인터넷으로 연결하는 기술입니다. 사람과 사물, 사물과 사물이 인터넷으로 연결되어 정보를 공유하고 수집하여, 사람들은 이전에는 없었던 새로운 서비스들을 제공받을 수 있게 됩니다. 그렇다면 서로 분리되어 있는 유형 또는 무형의 객체들을 어떻게 인터넷으로 연결할 수 있을까요? 이런 각각의 객체들을 네트워크상에서 연결시켜 주는 기술 중 하나가 바로 RFID입니다.

RFID는 무선 주파수를 이용하여 물건이나 사람 등과 같은 객체들이

❂ 정보를 인식하고 객체를 식별하는 RFID 리더

서로를 인식할 수 있도록 도와주는 기술입니다. 조금 더 자세히 설명하자면 RFID 기술 장치는 ID를 저장하는 태그와 ID 데이터를 읽는 리더로 분류되어 있는데요. 안테나와 칩으로 구성되어 있는 RFID 태그에 데이터를 저장하여 인식해야 하는 대상에 부착하면, RFID 리더를 통하여 정보를 인식하고 객체를 식별하는 것입니다. RFID 기술이 가장 흔히 사용되는 분야가 바로 앞서 소개한 것과 같이 버스나 지하철 등 대중교통에서 사용하는 버스 카드, 호텔 키 카드, 회사의 출입 카드 등 입니다. 서점이나 마트에서 부착된 태그에 결제 완료 정보를 입력하지 않으면 출구에서 보안 경보가 울리는 것, 물류창고에서 태그마다 고유 식별번호를 부여하여 입출고와 재고 등을 관리하는 시스템 역시 이런 RFID 기술을 활용하고 있습니다. 또한, 개인이 버린 만큼 수수료를 부담하는 '음식물 쓰레기 종량기'에도 활용되어 발생량과 감량 등의 통계 데이터를 관리하고 있습니다.

이렇게 듣고 보면 마트에서 흔히 볼 수 있는 바코드와 비슷한 기술로 느껴지죠? 하지만 바코드는 가까운 거리에서 빛을 이용해 스캐너로 물품을 인식하는 반면, RFID는 전파를 이용하기 때문에 먼 거리에서도 접촉 없이 태그를 인식할 수 있고, 같은 종류의 제품이어도 상품 각각에 따라 일련번호도 부여할 수 있어, 바코드보다 자세하게 정보를 수록하고 섬세하게 객체를 구분할 수 있다는 점에서 더욱 우수한 기술입니다. 또한, 전파를 이용하는 기술이기 때문에 몸에 심어도 문제가 없다는 것 역시 RFID 기술의 장점 중 하나입니다. 실제로 RFID 방식으로 작동하는 베리칩은 멸종위기 야생동물을 관리하고 보호하는 데도 도움을 주고 있습니다.

최근 4차 산업혁명의 흐름에 따라 다양한 산업 분야에서 무인화 시스템, 자동화 시스템 등이 눈에 띄게 발달하고 있습니다. 이러한 시스템들을 더 많은 분야에서 안정적으로 활용하기 위해서는 RFID 기술의 구축은 필수적인 요소입니다. 이런 이유로 무인화 시스템, 자동화 시스템과 함께 RFID의 발전 역시 꾸준히 이루어질 전망입니다.

3 혼자서도 잘 가요! 자율주행자동차

'자율주행자동차'가 정확히 어떤 원리에 기반을 두고 있는지는 알지 못해도, 자율주행자동차가 무엇인지는 모두 알고 계시죠? 영화 속에서도 자주 등장하는 소재인 자율주행자동차. 무인자동차라고도 불리는 자율주행자동차는 운전자가 직접 운전을 하거나 조종을 하지 않아도 혹은 운전자가 없더라도 다양한 센서와 네트워크를 통해 스스로 주행 환경을 판단하고 주행 경로를 계획하여 설정한 목적지까지 도달할 수 있는 자동차를 말합니다.

자율주행자동차 조립 및 실습 프로그램에 참여한 학생들은 이런 자율주행자동차의 기본적인 원리를 배우고, 아두이노Arduino라는 보드와 다양한 센서를 활용하여 자율주행자동차를 제작하는 시간을 가졌습니다. 또한 학생들이 직접 자율주행 알고리즘을 설계해 자신이 제작한 자동차에 입력하여 작동시켜 보았습니다. 이러한 자율주행자동차 실습을 통해, 자신이 설계한 알고리즘에 따라 자율주행자동차가 장애물을 피해가거나 막다른 벽을 인지하여 빠져나오는 모습을 보면 어렵게만 느껴지던 코딩 작업도 쉽고 재미있어지겠죠?

그렇다면 자율주행자동차는 어떻게 혼자서도 주변 지물 정보를 인식하고 주행 전략을 결정하여 목표 지점까지 스스로 주행할 수 있는 것일까요? 자동차의 자율주행을 구현하는 데에는 '자율주행 기술'이라는 것이 적용됩니다. 이를 '첨단 운전자 지원 시스템ADAS'이라고 부르는데, 크게 세 가지 주요 요소인 인지, 판단, 제어의 기술입니다. 먼저 자율주행자동차는 인지의 단계에서 시각 정보를 입력하고 처리하는 센서를 통해 주변 지물 정보 및 도로 상황 등의 정보를 받아들입니다. 이 단계에서 디지털 지도를 통해 고정 지물 인식 및 경로 탐색은 물론이고, 카메라, 레이더 등의 센서로 보행자, 신호등 등의 변동 및 이동 지물을 인식합니다. 실제 주행 환경에서는 이미 지도에 표시된 고정 지물 외에도 움직이는 혹은 변화하는 이동 물체들도 있기 때문에 자율주행 기술에서 이 센서의 역할이 매우 중요합니다. 이렇게 인지의 단계에서 인식한 주변 지물 정보를 통해 목표 지점에 적합한 주행 전략을 수립하고 주행 경로를 생성하는 것이 바로 판단의 단계입니다. 마지막 제어의 단계에서는 엔진 구동과 주행 방향 등을 결정하여 본격적으로 주행을 하게 됩니다. 달리고 멈추고 하는 엔진 가감속과 방향을 바꾸는 조향각 조정 등이 이 단계에 해당합니다. 쉽게 설명하자면 사람의 눈의 역할을 수행하는 인지의 단계, 사람의 뇌의 역할을 수행하는 판단의 단계 그리고 사람의 근육의 역할을 수행하는 제어의 단계라고 볼 수 있습니다. 이 세 가지의 구성 요소가 소프트웨어의 명령에 의해 조화롭게 작동해야만 완전한 자율주행이 가능한 것입니다.

물론 자율주행자동차도 모두가 다 똑같은 자율주행자동차는 아닙니다. 기술 개발의 성숙도에 따라 자율주행 단계가 구분되는데요. 미국 교통부 도로교통안전국NHTSA에서 제시한 5단계 분류가 대표적입니다. 이 분류에 따르면 운전자가 차량을 완전히 제어하는 0단계 비자동화No-Automation부터 모든 주행 상황에서 운전자의 개입이 전혀 필요하지 않은 4단계 자율주행Full Self-Driving Automation 단계까지, 자율주행 기술이 자율화된 수준에 따라 그 단계를 나누고 있습니다. 유럽 주요 국가와 미국, 일본 등은 2단계에 해당하는 부분 자동화가 가능한 차량 개발을 진행 중에 있고, 구글만이 유일하게 4단계 자율주행 차량 개발을 목표로 하고 있다고 합니다.

이렇게 각국마다 그리고 관련 업체마다 목표로 하는 자율주행 기술 단계는 다르지만, 전 세계적으로 자율주행 기술에 대한 연구와 개발에 박차를 가하고 있는 것이 현실입니다. 그렇다면 이렇게 자율주행 자동차가 각광받는 이유는 무엇일까요?

자율주행자동차의 가장 큰 장점이자 많은 이들이 기대하는 바는, 바로 교통사고 및 교통사고로 인한 사망률 감소입니다. 교통사고 원인 중 높은 비중을 차지하는 것이 졸음운전, 안전거리 미확보, 주시태만 등 바로 안전에 대한 불감증으로 인한 사고입니다. 실제 한국교통안전공단과 한국도로공사가 발표한 '최근 3년간 고속도로 교통사고 현황 분석결과'에 따르면, 2017년부터 2019년까지, 고속도로 교통사고 사망자 618명 중 428명의 사고 원인이 '졸음·주시태만'이라고 합니다. 이는 약 10명 중 7명이 졸

△ 자율주행자동차 주행 실습

음이나 주시태만으로 목숨을 잃었다는 것입니다. 이처럼 안전 불감증이
나 순간의 실수가 돌이킬 수 없는 큰 사고로 이어지는 것이 바로 교통사
고입니다. 물론 운전자가 운전에만 집중하고 모든 안전 수칙과 교통 법
규를 준수하는 것이 사고를 막는 지름길이지만, 만약 어떤 상황에서도
피로를 느끼거나 방심하지 않고 온전히 운전에만 집중할 수 있는 운전
자가 있다면 어떨까요? 이것이 바로 자율주행자동차입니다. 자율주행자
동차는 인공지능이 운전을 대신해 줌으로써 운전자로 인해 발생하는 교
통사고를 예방할 수 있는 것이죠. 여기에 부수적으로 교통 위반에 대한
규제가 무의미해지고, 그에 따라 교통경찰을 효율적으로 배치할 수 있
으며, 고령운전자와 같은 경우에도 안전하게 차량을 이용할 수 있다는
이점이 있습니다.

이렇게 무엇보다 편의를 넘어서 인간의 안전과 직접적으로 연결이 되
는 자율주행 기술에 대한 관심은 앞으로도 더욱 높아질 것으로 예상됩
니다.

4 사람을 닮은 착한 로봇, 휴머노이드 로봇

지난 2018년 1월, 곱게 한복을 차려입고 한국에 방문했던 AI 로봇 '소피아'를 기억하시나요? 홍콩에 본사를 둔 한슨 로보틱스Hanson Robotics가 개발한 인공지능 로봇입니다. 2017년 10월 사우디아라비아에서 로봇 최초로 시민권까지 발급받은 소피아는 휴머노이드 로봇 중 하나입니다. '휴머노이드 로봇Humanoid Robot', 이제는 정말 익숙한 말이죠? 많은 사람들이 휴머노이드 로봇이라고 하면 인간처럼 머리, 몸통 그리고 두 팔과 다리로 이루어진 인간을 꼭 닮은 형태의 로봇을 생각할 수 있습니다. 하지만 휴머노이드 로봇은 단순히 외형이 인간의 모습을 하고 있는 것이 아니라 인간의 시각, 청각, 촉각 등 감각 수단으로 역시 닮아 있습니다. 휴머노이드 로봇은 일반 로봇들과 달리 인간의 시각, 청각, 촉각 등에 해당하는 감각 기관 역할을 거리 센서, 음성 인식 센서, 터치 센서 등을 통해 사람과 같은 방법으로 정보를 전달받고, 인식한 정보를 처리할 수 있습니다. 보통의 청소로봇이 벽에 부딪치면 방향을 트는 것과 달리 휴머노이드 로봇은 시각을 담당하는 센서를 이용해 전방에 벽이 있음을 미리 인지하고 부딪치기 전에 미리 방향을 변경하는 것이지요.

이제는 SF 영화나 애니메이션 등 상상 속 이야기가 아닌 휴머노이드 로봇. 그만큼 인간을 닮은 혹은 인간과 같은 신경계를 가진 로봇들이 모두에게 익숙해졌다는 것인데요. 하지만 기술적으로 발전하고 자주 뉴스에 소개돼 대중들에게 익숙해졌다고 해서, 정말로 휴머노이드 로봇을 손쉽게 만날 수 있게 된 것은 아닙니다. 우리가 실제로 휴머노이드 로봇을 조립하거나 조작하는 일은 조금 멀게 느껴지죠. 이처럼 여전히 휴머노이드 로봇을 어렵고 멀게만 느껴지게 만드는 벽을 허물기 위해서 GEW에서는 휴머노이드 로봇을 직접 만날 수 있는 '움직이는 휴봇코딩' 실습 프로그램을 진행하고 있습니다. 휴봇코딩 시간에는 단순히 로봇의 역할, 로봇의 종류, 로봇 만드는 방법, 로봇을 이용한 대회 등 로봇에 대한 정보뿐만 아니라 준비된 휴봇을 직접 조립하고, 로봇을 움직이기 위한 코딩하는 방법, 나아가 코딩한 휴봇을 직접 조종해 친구들과 함께 축구 시합을 하는 등의 체험 프로그램으로 구성되어 있어, 학생들의 관심이 높은 프로그램 중 하나입니다. 특히 로봇·기계·컴퓨터공학에 관심이 많은 학생들에게는 전공을 선택하거나 대학에 진학하기 전 전공을 체험할 수 있는 좋은 기회랍니다.

해당 체험 시간에는 로봇공학에 대한 원리를 더 쉽게 그리고 짧은 시간 내에 더 많은 학생들의 이해를 돕기 위해, 비교적 조립이나 조작이 복잡하지 않은 휴머노이드 로봇 키트를 사용합니다. 하지만 앞서 소개한 소피아와 같이, 실제 휴머노이드 로봇 공학 기술은 매우 발달했습니다. 소피아는 인공지능 알고리즘을 활용해 60여 개의 감정을 표현할 수 있을 뿐만 아니라 기본적인 대화도 가능합니다. 처음 로봇을 개발할 때는 기계가 인간처럼 이족보행을 하며 무게 중심을 잡고 균형을 유지하는 것이 매우 어렵다고 했지만, 이제는 걷기는 물론이고 달리기, 축구하기 심지어 스키를 타는 로봇까지 등장하고 있습니다. 이런 로봇공학의 발전은 그만큼 로봇공학자들의 끊임없는 연구와 도전이 있었기에 가능했죠.

그렇다면 왜 로봇공학자들은 인간형 로봇을 연구하는 것일까요? 일반 로봇도 휴머노이드 로봇도 개발되는 이유는 같습니다. 사람들의 삶과 질, 편의를 향상시키기 위해서입니다. 로봇은 사람들이 하기 힘든 반복적인 노동, 정밀한 작업, 위험한 환경에 노출된 작업, 재난 구조 등을 대신해 줄 수 있습니다. 지진이나 화재, 붕괴 사고 등의 위험도가 높은 재난 상황에서는 추가 인명 피해를 방지하기 위해 사람의 접근이 불가할 때가 있습니다. 이는 휴머노이드 로봇, 인공지능 기반의 기술 등을 통해 상당 부분 도움을 받을 수 있으며, 로봇이 인간을 대신할 수 있다면 구조 활동을 위해 사람들이 위험한 환경에 직접 투입되지 않을 수 있습니다. 그렇다면 왜 그냥 로봇이 아니고 휴머노이드, 그러니까 인간형 로봇이어야 하는 걸까요? 이유는 간단합니다. 인간이 발전시키고 개발한 인프라, 생활환경은 모두 인간의 크기에 맞춰져 있습니다. 집을 예시로 생각하면 이해가 쉽습니다. 우선 집으로 들어가기 위해서 꼭 거쳐야 하는 문, 이 문을 열기 위해 반드시 잡아야 하는 문고리의 위치나 문고리를 돌리는 방법까지 모두 사람의 크기와 신체에 맞게 만들어졌습니다. 문을 열고 들어가면 보게 되는 식탁, 의자, 소파 등 역시 모두 인간의 사이즈에 맞춰져 있습니다. 누구보다 인간이어야 더욱 쉽게 활용할 수 있는 것이죠. 이렇게 인간의 체형에 맞춰져 있는 인프라를 똑같이 사용하기 위해서는 로봇 역시 인간과 같은 형태인 것이 가장 이상적입니다. 물론 로봇이 소파에서 편히 쉬기 위해서가 아닙니다. 재난 상황에 로봇이 보다 원활하게 구조 활동에 투입되기 위해서는 인간처럼 문을 열 수 있는, 식탁과 의자 등을 치우거나 아래를 살펴볼 수 있는 인간형 로봇, 바로 휴머노이드 로봇이어야 하기 때문입니다.

사실 휴머노이드 로봇의 개발은 보통의 로봇을 개발하는 것보다 더욱 복잡하고 어렵습니다. 바퀴가 달려 움직이는 로봇청소기를 만드는 것보다 사람과 같이 직립 보행을 하는 로봇을 만드는 것은 비교할 수 없을 만큼 힘든 일입니다. 하지만 그만큼 각각 로봇의 능률 역시 비교할 수 없을 정도입니다. 이런 이유로 인간이 구축시킨 생활 인프라를 능숙하게 활용하면서 인간의 일을 도울 수 있는 휴머노이드 로봇의 연구는 앞으로도 지속적으로 이루어질 것입니다. 또한 극한 상황에서 인간을 돕고 인간을 대신해 줄 휴머노이드 로봇 시장의 규모 역시 지속적으로 성장할 전망입니다.

5 내 손 안에 작은 헬리콥터, 드론

제2차 세계대전 직후 낡은 유인 항공기를 무인기로 재활용하며 개발이 시작된 드론drone. 이렇게 군수용으로 시작된 드론이 환경, 국토 조사, 농업 등 다양한 민간 분야에서 활용되고 있을 뿐만 아니라 방송 산업, 레저용으로까지 개발되고 있다니 정말 놀랍지 않나요? 이렇게 4차 산업과 혁신을 이끌어 가는 주요 기술로 자리 잡은 드론은 GEW에서도 만날 수 있었습니다. 드론 조립과 조종 프로그램에 참여한 학생들은 드론의 구조와 원리, 드론에 들어가는 구성 성분들을 설명에서 그치는 것이 아닌 직접 조립하는 과정을 통해 배우고, 조립한 드론을 운동장에서 하늘 높이 날리며 조종해 볼 수 있는 시간을 가졌습니다. 잘 날아가던 드론이 나무에 걸리기도 하고, 원하는 방향으로 잘 날아가지 않기도 했지만, 직접 만지고 체험하면서 배우는 만큼, 놀이를 하듯 즐겁게 배우고 쉽게 이해할 수 있었죠.

'벌들이 웅웅거리는 소리'라는 뜻의 드론은 조종사 없이도 무선 전파를 통해 조정이 가능한 무인 항공기를 말합니다. 같은 드론이라도 프로펠러의 개수에 따라 구분할 수 있는데요. 프로펠러가 2개인 바이콥터, 4개인 쿼드콥터, 6개인 헥사콥터, 8개인 옥토콥터 등이 있습니다. 드론의 작동 원리는 의외로 간단합니다. 프로펠러가 4개인 쿼드콥터를 기준으로 하였을 때, 뒤쪽의 두 프로펠러가 앞쪽의 두 프로펠러보다 빠르게 회전하면 드론은 앞으로 나아갑니다. 빠르게 회전하는 쪽의 양력이 커지면서 양력이 작은 쪽으로 기울어지는 것이지요. 드론의 방향을 왼쪽으로 트는 것 역시 같은 원리입니다. 오른쪽 프로펠러 2개를 왼쪽의 프로펠러보다 빠른 속도로 회전시켜 양력을 크게 만들면 드론이 왼쪽으로 이동할 수 있게 됩니다. 물론 더 자세히 설명하면 어렵겠지만, 기본적인 원리 자체가 간단할 뿐만 아니라, 전문가가 아닌 일반인도 기본적인 작동법만 익히면 누구나 쉽게 조종할 수 있다는 점, 입문자들도 부담스럽지 않게 구매할 수 있는 보급형 드론도 출시되고 있다는 점 등이 드론 시장이 지속적으로 성장할 수 있었던 원동력입니다.

하지만 드론의 강점은 그저 대중들도 쉽게 사용할 수 있다는 것뿐만이 아닙니다. 초기 드론은 작은 무인항공기에 카메라를 장착하여 정찰 임무를 수행하는 것이 대다수였습니다. 하지만 최근에는 기술이 발전하고 연구·개발이 지속적으로 이루어지면서 항공 촬영은 물론이고 농약을 살포하거나 공기의 질을 측정하는 등 다양한 분야에서 활용되고 있습니다. 드론은 항공촬영, 농약 살포뿐만 아니라 재난녹조 감시, 수영금지 감시, 조난자 위치 확인, 화재 감시 등, 물류피자, 책 등 상품의 배송 등, 관측사람이 가기 어려운 곳의 중계기 관측, 야생동물 보호 관측, 환경 관측 등, 취미완구용, 촬영용, 레이싱용 등, 군사지휘, 정찰, 전투 등, 구급원격진료, 응급 키트 전달 등, 탐색보안, 경비, 해양 원격탐사, 조난자 탐색, 법인 검거 등 등 다양한 분야에서 활

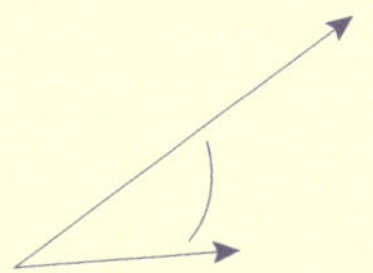

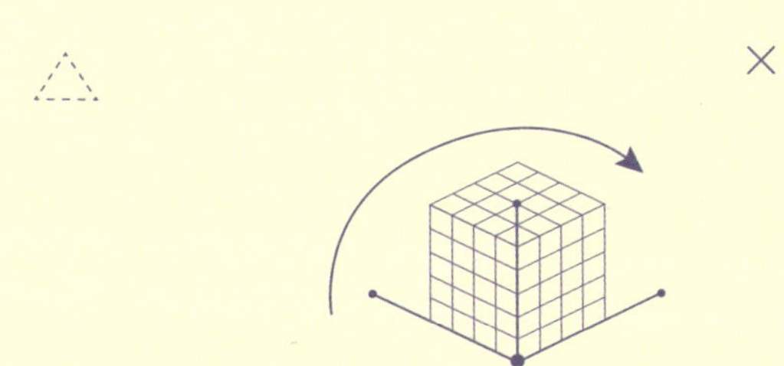

드론의 성능을 실험 중인 공학소녀시대

용되고 있습니다. 그렇다면 드론이 이렇게 다양한 분야에서 활용되는 이유는 무엇일까요? 우선 드론은 다른 무인기들과 마찬가지로 사람을 대체하기 때문에 안전하다는 이점이 있습니다. 드론은 화산 분화구와 같이 사람이 직접 가기 위험한 곳 또는 바다나 정글, 오지와 같이 위치를 추적하기 어려운 곳에서도 누구보다 신속하고 안전하게 투입될 수 있습니다. 또한 비용적인 측면에서 경제적이라는 것 역시 드론의 장점 중 하나입니다. 쉬운 예로 영상 촬영을 들 수 있습니다. 이제는 자연 다큐멘터리뿐만 아니라 예능, 드라마에서조차 쉽게 방송할 수 있는 드론으로 촬영한 풍경들. 과거에는 자연의 아름다운 풍경을 하늘에서 내려다보듯이 촬영한, 이른바 항공 샷을 위해 크레인과 같이 커다란 구조물 끝에 카메라를 설치하거나, 카메라 감독이 직접 헬기를 타고 항공에서 촬영해야 했습니다. 이렇게 촬영할 경우 크레인이나 헬기를 이용하는 비용은 물론이고 카메라장비, 인건비 등에 대한 부담이 큽니다. 하지만 드론을 활용한 영상 촬영이 가능해짐에 따라 비용 절감은 물론이고 더 쉽고 더 다양한 풍경을 촬영할 수 있게 된 것이죠.

이렇게 사람들에게 편리함을 주는 드론이라도 비행 시 주의사항은 꼭 지켜야 합니다. 드론은 일몰부터 일출 전까지의 야간비행을 금지하고 있어요. 그리고 비행장으로부터 반경 9.3Km이내 150m 이상의 고도에서와 인구 밀집 지역 등에서는 드론을 날려서는 안 된답니다. 또한, 드론으로 낙하물 투하나 음주비행, 조종자 가시거리를 넘어서는 비행은 금지하고 있으므로 드론을 비행할 때는 꼭 지켜야 합니다.

드론이 군사용 무인 항공기 또는 비싼 장난감 정도로 여겨지던 시기는 끝났습니다. 다양한 분야에서 활용이 가능한 만큼 드론 시장 역시 끊임없이 발전하고 있습니다. 마치 자유롭게 하늘을 날아다니는 드론처럼 말이죠! 실제로 드론 관련 직업드론 촬영감독, 드론 표준 전문가, 드론 조종인증 전문가, 드론파일럿 등 은 물론이고 자격증, 전문학교 등도 계속 등장하고 있는 추세입니다. 4차 산업혁명의 미래 인재로 거듭나기 위해서 놓치지 말아야 하는 분야라는 것은 확실하겠죠?

6 꿈속 세상이 현실로! VR 가상현실

GEW의 한 프로그램에 참여한 학생들은 밀림 속 괴물들을 해치우기도 하고, 아슬아슬한 외나무 다리 위에서 케이크를 먹기도 했습니다. 너무 위험한 프로그램을 즐기는 것 아니냐고요? 사실 모두 가상현실 체험교실에서 일어난 일들이랍니다.

이제는 게임, 영화 등의 다양한 미디어 콘텐츠를 통해 쉽게 만나 볼 수 있는 VR 가상현실! 'Virtual Reality'라는 단어 그대로 가상현실을 뜻하는 VR은 사용자의 오감을 자극하여 실제와 유사하지만 실제는 아닌 가상의 공간적, 시간적 체험을 하게 해 주는 기술입니다. 현실의 특정 환경을 컴퓨터를 통해 만들어, VR 시설 및 장비를 사용한 사용자로 하여금 마치 실제 환경에 주어진 것처럼 만드는 기술이죠. 외나무다리 위에 놓인 것처럼 말입니다.

가상현실 기술이 많은 관심을 얻게 되고 대중화된 시초는 3D 게임이라고 해도 과언이 아닙니다. 그래서 마치 VR 기술이 게임, 영화와 같이 디지털 콘텐츠로만 활용될 것 같고 오락 요소로 인식되는 것이 현실이지만, 그것은 VR 기술에 대한 오해 중 하나입니다. VR 기술은 교육, 원격 위성 표면 탐사, 의료 등 다양한 분야에서 응용될 수 있습니다.

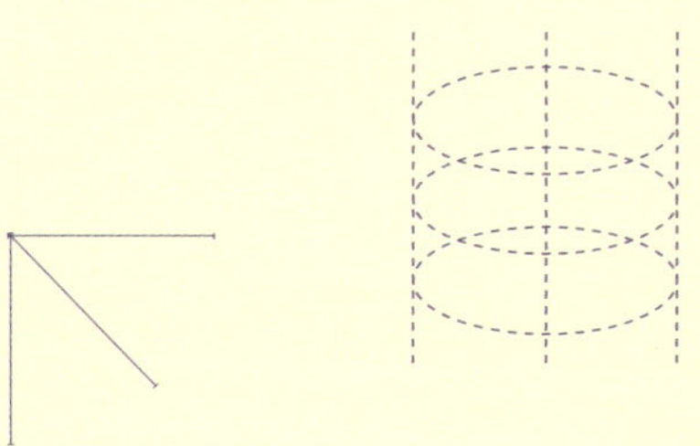

⬗ VR 기술을 체험 중인 공학소녀시대

◐VR 기술이 접목된 게임을 체험 중인 공학소녀시대

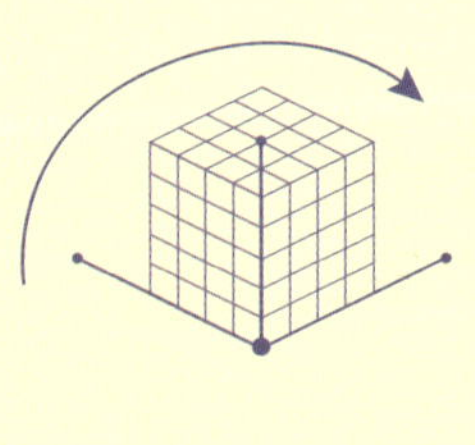

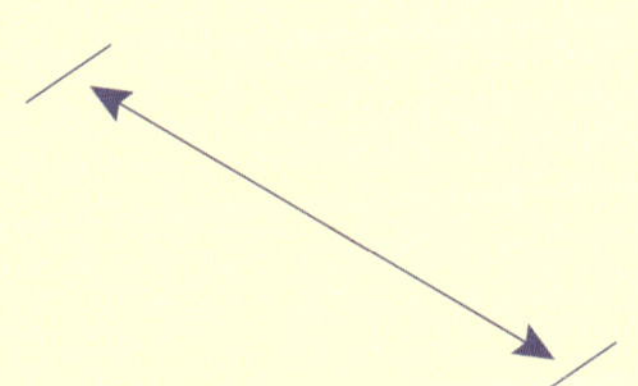

　마치 오락 분야에 특화되어 있는 것만 같은 VR 기술이 가장 각광받고 있는 분야는 놀랍게도 교육 분야입니다! VR 기술은 더욱 생동감 넘치는 실습이 가능하게 하여 교육 분야에서도 두각을 나타내고 있습니다. 대표적인 예가 전문 의료인을 양성하기 위한 의학 교육과 수술 훈련입니다. 전문 의료인이 되기 위해서는 꾸준한 연습이 필요합니다. 생명을 다루는 일이니 만큼 더욱 그러하죠. 하지만 전문가가 아닌 단계에서는 실습을 할 기회는 그렇게 흔치 않습니다. 이때 VR 기술은 시뮬레이션 기술을 통해 안전하게 실습을 진행할 수 있게 도와줍니다. 가상현실을 통해 수술 과정을 재현하고 반복적으로 연습할 수 있게 되는 것이죠. 우주 비행사 훈련, 군사 훈련과 마찬가지로 쉽게 갈 수 없는 환경에서의 훈련이 필요할 때도 VR 기술이 활용될 수 있습니다. VR 기술은 시간과 공간의 제약을 없애 주고, 제한적인 상황에서도 생동감 넘치는 체험을 선사하죠.

　그 외에도 VR 기술은 정신건강과 심리치료 분야에서도 그 효과가 입증되었다고 합니다. 고소공포증이 있는 사람을 치료하기 위해 병원에서 VR 기술을 보조수단으로 활용하고 있는 것이죠. 하물며 쇼핑을 할 때에도 VR 기술이 도움이 된다면 믿어지시나요? 인터넷 쇼핑을 하다 사이즈가 맞지 않거나 생각보다 어울리지 않아서, 사진과 달라서 실망한 경험 모두 있으시죠? VR 기술이 더욱 발전하고 쇼핑 분야에도 체계적으로 정착한다면, 우리는 이제 집에서도 가상 현실을 통해 직접 입어 보고 옷을 고를 수 있게 될 것입니다.

VR 기술은 특정 분야를 막론하고 개발될 것으로 보입니다. 오락을 위한 콘텐츠로서도 훌륭할 뿐 아니라 인간의 삶의 질 향상에도 큰 도움을 줄 VR 기술의 연구·개발은 앞으로도 꾸준히 이루어질 것입니다.

특히 최근 코로나 19 바이러스로 인해 활성화된 온라인 교육, 온라인 면접 등 비대면 생활이 VR 기술의 발전을 앞당길 것이라는 전망도 나오고 있습니다. 물론 해당 이슈의 여파가 어디까지 지속될지는 알 수 없으나, 코로나 19 바이러스로 인해 변화된 생활이 VR 기술 발전에 새로운 길을 제시한 것만은 확실합니다. 교육, 오락, 의료 분야를 넘어 VR 산업이 우리 삶 속으로 스며들고, 더 많은 수요가 이어지는 기술로 자리 잡을 것입니다.

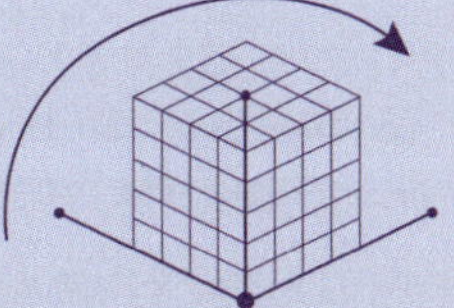

일러두기

1. 이 책 1장의 23쪽 사진과 3장에 나오는 사진들은 한국여성과학인지원센터(WISET)에서 제공한 사진입니다.
2. 이 책의 2장에 나오는 출처를 표시하지 않은 사진들은 개인 소장용 사진입니다.

지금은 공학소녀시대

초판 1쇄 인쇄 2020년 9월 14일
초판 2쇄 발행 2021년 11월 20일

기획 한국여성과학기술인지원센터(WISET)
글 오명숙·문수진

펴낸이 송주영
펴낸곳 ㈜북센스
편집 장정민, 조윤정
디자인 이미화, 장혜원
마케팅 오영일, 황혜리
경영지원 강수현

출판등록 2019년 6월 21일 제2019-000061호
주소 서울 마포구 동교로23길 41 골드빌딩 7층
전화 02-3142-3044　　**팩스** 0303-0956-3044　　**이메일** ibooksense@gmail.com

ISBN 978-89-93746-89-1(43500)